Rafael Antonio Gálvez • Lexo Gavashelishvili • Zura Javakhishvili

რაფაელ ანტონიო გალვეზი • ლექსო გავაშ[…] […]ვახიშვილი

RAPTC[…]LS

O[…] GEORGIA

საქართველოს მტაცებელი ფრინველები და ბუები

BUNEBA PRINT

Buneba Print *Publishing*

Gálvez R.A., Gavashelishvili L., Javakhishvili Z. 2005. Raptors and Owls of Georgia. Tbilisi, Georgia. GCCW and Buneba Print *Publishing.*

Editor: Ramaz Gokhelashvili
Texts: Rafael Antonio Gálvez, Lexo Gavashelishvili, Zura Javakhishvili
Illustrations: Rafael Antonio Gálvez
Maps: Nutsa Megvinetukhutsesi, Lexo Gavashelishvili, Zura Javakhishvili
Design, Layout and Printing: Kakha Bakhtadze, Buneba Print *Publishing*

ISBN 99940-771-8-X

Georgian Center for the Conservation of Wildlife, GCCW
PO Box 56, Tbilisi 0160, Georgia
Tel.: +995 32 32 64 96 Fax: +995 32 53 74 78 E-mail: office@gccw.org
Internet: www.gccw.org

გალვეზი რ.ა., გავაშელიშვილი ლ., ჯავახიშვილი ზ. 2005. საქართველოს მტაცებელი ფრინველები და ბუები. საქართველოს ბუნების შენარჩუნების ცენტრი და ბუნება პრინტი. თბილისი, საქართველო.

რედაქტორი: რამაზ გოხელაშვილი
ტექსტები: რაფაელ ანტონიო გალვეზი, ლექსო გავაშელიშვილი და ზურა ჯავახიშვილი
ილუსტრაციები: რაფაელ ანტონიო გალვეზი
რუკები: ნუცა მეღვინეთუხუცესი, ლექსო გავაშელიშვილი და ზურა ჯავახიშვილი
დიზაინი, დაკაბადონება და ბეჭდვა: კახა ბახტაძე, ბუნება პრინტი

საქართველოს ბუნების შენარჩუნების ცენტრი
საფოსტო ყუთი 56, თბილისი 0160, საქართველო
ტელ.: +995 32 32 64 96 ფაქსი: +995 32 53 74 78 ელ-ფოსტა: office@gccw.org
ინტერნეტი: www.gccw.org

Preparation and printing of this book is supported by:
წიგნი მომზადდა და დაიბეჭდა შემდეგი ორგანიზაციების მხარდაჭერით:

BirdLife
INTERNATIONAL

ფრინველთა დაცვის საერთაშორისო ასოციაცია

Georgia Protected Areas Development Center
საქართველოს დაცული ტერიტორიების განვითარების ცენტრი

GEF

The Global Environmental Facility
გლობალური გარემოსდაცვითი ფონდი

The World Bank
მსოფლიო ბანკი

CONTENT

შინაარსი

FOREWORD

This book is a revised and updated edition of the *Raptors of Georgia*, produced in 2002 by the Georgian Center for the Conservation of Wildlife (GCCW) and BirdLife International. The species descriptive texts are now provided also in English, species range maps are updated, and texts, maps, and illustrations are added for twelve more species (4 raptors and 8 owls).

The primary objective is to enable bird lovers to identify raptors and owls in their natural environments, using binoculars and telescopes. The descriptive texts are brief, but in combination with illustrations they are sufficient to identify species. A map illustrating the species distribution pattern in Georgia follows each text, and the conservation status of each species is also provided. Additionally, general information on raptors and owls, on raptors migration, their conservation status, and ongoing conservation and monitoring activities in Georgia is also provided.

We hope that this publication will play a significant role both in promoting birdwatching in Georgia as a tourism and recreation industry, and in escalating bird conservation efforts by assisting in performing research, monitoring, and education programs.

Many people and institutions have contributed to this book. *Lexo Gavashelishvili*, *Zurab Javakhishvili* and *Rafael Antonio Galvez* spent enormous amounts of time and energy to obtain and organize the data required for this book and to write the texts; *Nutsa Megvinetukhutsesi* inputted all data in GIS and assembled species distribution maps; *Rafael Antonio Galvez* drew extraordinary all-new illustrations; *Kakha Bakhtadze* and *Buneba Print* conducted book design, layout and printing; *Ramaz Gokhelashvili* carried out editorial and team coordination work; *GCCW* and *The Georgia Protected Areas Development Project* (*GEF/The World Bank*) provided technical and financial support for revisions, updates, and printing; *BirdLife International* continued support of bird conservation programs in Georgia, including the production of this book; and finally, many individuals have supplemented some field data on species included in the book: *Giorgi Darchiashvili, Irakli Goradze, Iago Kazalikashvili, Giorgi Janashvili, Gigi Bregadze, Kakha Kashiashvili, Gogita Estatishvili, Shota Eriashvili, Levan Rusishvili, Amiran Kodiashvili, Erwin van Maanen, Michael McGrady, Todd Katzner, Mike Hirschler, and Werner Muller*. We would like to acknowledge the dedication, enthusiasm, and expertise of these people and institutions, which have resulted in this exceptional and useful publication.

წინათქმა

წინამდებარე წიგნი წარმოადგენს "საქართველოს მტაცებელი ფრინველების" გადამუშავებულ და გაზრდილ ვარიანტს, რომელიც პირველად მომზადდა და დაიბეჭდა 2002 წელს საქართველოს ბუნების შენარჩუნების ცენტრისა და ფრინველთა დაცვის საერთაშორისო ასოციაციის ერთობლივი ძალისხმევით. ამ გამოცემაში დამატებულია სახეობათა აღწერები ინგლისურად, ახალი ინფორმაციით შეივსო სახეობათა გავრცელების რუკები და დაემატა 12 სახეობის (4 მტაცებელი და 8 ბუსნაირნი) ტექსტები ქართულ და ინგლისურ ენებზე, რუკები და ილუსტრაციები.

წიგნის ერთ-ერთი მთავარი მიზანია, ფრინველების მოყვარულებს დაეხმაროს მტაცებლებისა და ბუების ამოცნობაში მათი დაჭერისა და მოკვლის გარეშე ბინოკლის ან ტელესკოპის დახმარებით. აღწერითი ტექსტები მოკლეა, მაგრამ ილუსტრაციებთან ერთად საკმარისია, რათა მოხდეს ფრინველის სახეობის დადგენა. თითოეული სახეობისთვის ასევე მოცემულია საქართველოში გავრცელების რუკა და კონსერვაციული სტატუსი. ამას გარდა, წიგნში მოთხრობილია ზოგადად მტაცებელი ფრინველებისა და ბუების შესახებ, აღწერილია მიგრაციები, მათი დღევანდელი მდგომარეობა და მათ დასაცავად და შესასწავლად მიმდინარე სამუშაოები.

იმედი გვაქვს, რომ ეს წიგნი მნიშვნელოვან როლს ითამაშებს როგორც ეკოტურიზმის ერთ-ერთი სფეროს – ბერდვოჩინგის საქართველოში განვითარებაში, ასევე ფრინველთა დაცვის საკითხებში; შეუწყობს რა ხელს კვლევების, მონიტორინგისა და საგანმანათლებლო სამუშაოების წარმართვას.

მრავალი ადამიანი და ორგანიზაცია მონაწილეობდა ამ წიგნის მომზადებასა და გამოცემაში. ლექსო გავაშელიშვილმა, ზურა ჯავახიშვილმა და რაფაელ გალვეზმა უამრავი დრო და ენერგია დახარჯეს, რათა მოეგროვებინათ და გაეანალიზებინათ საჭირო მონაცემები და დაეწერათ ტექსტები; ნუცა მელვინეთუხუცესმა შეიტანა მოგროვილი მონაცემები გეო-ინფორმაციულ სისტემაში და მოამზადა სახეობათა გავრცელების რუკები; რაფაელ გალვეზმა მოამზადა ილუსტრაციები; კახა ბახტაძემ და *ბუნება პრინტმა* მოამზადეს დიზაინი და დაბეჭდეს ეს წიგნი; რამაზ გოხელაშვილმა გაუწია კოორდინაცია სამუშაო ჯგუფს და შეასრულა რედაქტორის სამუშაო; *საქართველოს ბუნების შენარჩუნების ცენტრმა* და *გლობალური გარემოსდაცვითი ფონდისა* და *მსოფლიო ბანკის საქართველოს დაცული ტერიტორიების განვითარების პროექტმა* განახორციელეს ამ პროექტის ტექნიკური და ფინანსური მხარდაჭერა; *ფრინველთა დაცვის საერთაშორისო ასოციაცია* აგრძელებს საქართველოში ფრინველთა კვლევისა და დაცვის სამუშაოების მხარდაჭერას, რომელთა შორის ამ წიგნის მომზადება და დაბეჭდვაცაა. და ბოლოს, მრავალი ადამიანი რეგულარულად გვაწვდიდა ინფორმაციას წარმოდგენილი ფრინველების შესახებ: გიორგი დარჩიაშვილი, ირაკლი გორაძე, იაგო კაზალიკაშვილი, გიორგი ჯანაშვილი, გიგი ბრეგაძე, კახა კაშიაშვილი, გოგიტა ესტატიშვილი, შოთა ერიაშვილი, ლევან რუსიშვილი, ამირან კოდიაშვილი, ერვინ ვან მაანენი, მაიკლ მაკგრედი, ტოდ კაცნერი, მაიკ ჰირშლერი და ვერნერ მიულერი. გვსურს, გულითადი მადლობა გადავუხადოთ ყველა ამ ადამიანს და ორგანიზაციას მათი ენთუზიაზმის, თავდადებისა და პროფესიონალიზმის გამო, რის შედეგადაც შეიქმნა ეს გამორჩეული და ძალზედ საჭირო პუბლიკაცია.

Classification and Identification of Raptors and Owls

In order to understand the diversity of raptors and owls, each bird occupies a particular place within systematic classification. Using this system, the Peregrine Falcon of the '*brookei*' race normally occurring in Georgia is classified as follows:

Family	Falcons	*Falconidae*
Genus	Falcons	***Falco***
Species	Peregrine Falcon	***peregrinus***
Race within Georgia		***brookei***

Below are selected species of raptors and owls arranged in close approximation to their relative proportions in flight. The various families are described and grouped for comparative purposes.

BIRDS OF PREY: **DIURNAL RAPTORS**

Recorded in Georgia, 37 species belonging to 3 different families. All are carnivorous, with hooked bills and strong feet. Each species has a different method of pursuing its food; most are hunters while some are exclusively carrion-eaters. The "group" as a whole varies in size dramatically. The slow-soaring Cinereous Vulture, with a 295 cm. wingspan patiently works the arid canyons in search of carrion, while the aggressive little Merlin explodes into chase of much larger raptors during migration with its wingspan only at 50 cm. (males).

Families:
Accipitridae: Includes vultures, eagles, buzzards, hawks, and harriers. A dynamic family of mostly broad-winged raptors. 28 species recorded in Georgia (including 4 accidentals).

Pandionidae: Represented only by the Osprey, a fish-eater with a unique hovering and diving technique, and specialized talons. 1 species globally.

Falconidae: Falcons. Fast flying, narrow-winged birds that catch their prey mainly on the wing, often after aerial pursuit or impressive dives. 8 species recorded in Georgia.

Vultures
4 species in 4 genera: *Gypaetus, Gyps, Aegypius, Neophron.* Huge to medium-sized raptors that spend much time soaring and gliding on broad wings. All are carrion-eaters, most with relatively weak talons and featherless heads.

Eagles
10 species in 4 genera: *Circaetus, Haliaeetus, Hieraaetus, Aquila.* General name for a diverse group of very large to medium-sized raptors with broad wings and powerful flight. Although unrelated, the 4 genera are represented by birds with strong talons and large hooked bills.

Osprey
1 species in 1 genus globally: *Pandion.* The Osprey is a pale raptor with long and narrow wings. It can often be seen hovering over water before plunging. It glides with a peculiar marked bend at the carpal.

Falcons
8 species in 1 genus: *Falco.* Medium to small-sized raptors with long pointed wings. Fast and agile flyers that take prey mainly on the wing. Most have bold head patterns with a dark mustache, and upper bills with jagged 'teeth' for tearing flesh.

Hawks
4 species in 1 genus: *Accipiter.* Small to medium-sized raptors with long tails and short rounded wings specialized for agile pursuit of prey in forested habitat. Hawks fly with mostly quick wing-beats interspersed by short glides.

Buzzards
4 species in 2 unrelated genera: *Buteo, Pernis*. Medium-sized broad-winged raptors here shown together due to similarities in flight attitude. 'Buteos' are found in open and forested habitats and are commonly visible when perched. Pernis is represented by the Honey-Buzzard, a more recluse bird specializing on the larvae of bees and wasps as its food source.

Harriers
4 species in 1 genus: *Circus*. Medium-sized raptors with long wings and tails. They spend much time soaring over open spaces with wings held up in a V. Females and juveniles are mostly brownish, while adult males are much paler.

Kites
2 species in 1 genus: *Milvus*. Medium to large-sized raptors with broad wings and large forked tails. Their flight attitude is quite diverse, represented by versatile use of tail and agile soaring and gliding.

NOCTURNAL BIRDS OF PREY: **OWLS**

Recorded in Georgia, 8 species belonging to 2 families. Birds active primarily from dusk to dawn, unrelated to diurnal raptors, though occupying similar hunting niches while taking advantage of the dark. All are carnivorous, with strong claws and hooked bills. Soft-fringed feathers allow for silent flight and surprise attacks on prey. Owls are large-headed with ample facial discs that aid in sophisticated hearing, and large eyes for vision in reduced light.

Families:
Strigidae: Typical owls, small to large-sized birds of prey with cryptic plumage for highly specialized camouflage among trees. 7 species recorded in Georgia.

Tytonidae: Barn owls, with distinctive heart-shaped faces. Often found near human habitation. 1 species.

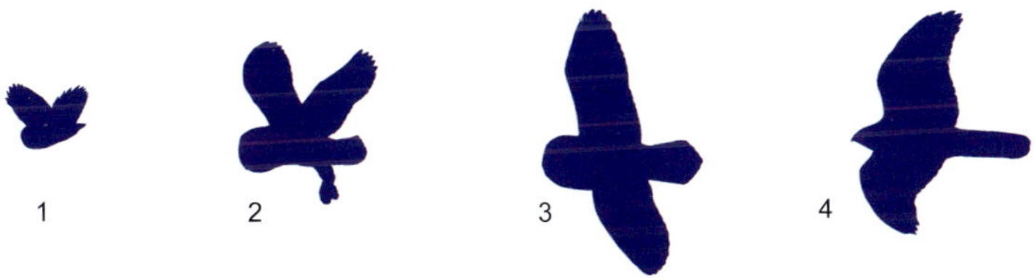

Owls appear large headed when flying, but each species has a particular silhouette. 1- The tiny Scops Owl has stubby rounded wings and a small tail. 2- Barn Owls often dangle their legs while flying. 3- Short-eared Owls are long-winged and hunt over fields like harriers. 4- The Goshawk is pictured here for comparison in size and form.

'Wing attitude' varies with every species and is altered depending on flight behavior. 5- A soaring eagle has long splayed 'fingers.' 6- A Cinereous Vulture gliding away seems to have tapered wing-tips. 7- When gliding, the 'rectangular' wings of an Egyptian Vulture have a sharp bend at the carpal. 8- A diving falcon folds its wings sharply back. 9- A falcon hovering keeps its head down as it scans below for prey. 10- All raptors hold their wings at particular angles in relation to their bodies. This can be a valuable identification clue.

Raptor Migration

Most raptors migrate seasonally between winter and summer grounds. A major drive for this behavior is the seasonal change in food base. Raptor migration occurs predominantly by day, mainly as movement between latitudes or altitudes.

On latitudinal migration, raptors cover long distances from north to south and vice versa. For example, Black Kites and Egyptian Vultures fly from Europe, the Caucasus, and Central Asia to Africa and India for winter, only to return in spring. On altitudinal migration, raptors move between high and low elevations in relation to breeding habitat and food availability. For example, Goshawks and Common Buzzards that breed near the timberline of the Greater Caucasus migrate down to lowland forests and parks. During long distance migrations, raptors must keep-up with resting and foraging in order to refuel.

Raptors, unlike many other birds (e.g. cranes, geese, passerines) migrate singly, using a wide front that consists of numerous flyways. Fall and spring migration routes are not necessarily the same. During migration, raptors wisely save energy by using up-rising air currents, so called thermals generated by sun-heated land surfaces, and updrafts resulting from winds bouncing off hills and mountain slopes. Raptors soar within the columns of these up-rising air currents. Height is continuously gained until the rising column cools down with altitude, and the bird must glide down to another newly formed column and start gaining height again. This way a bird may cover up to 600 km per day. Because of this flight strategy and the fact that water surfaces do not generate rising air currents, most raptors avoid flying across water stretches wider than 25 km.

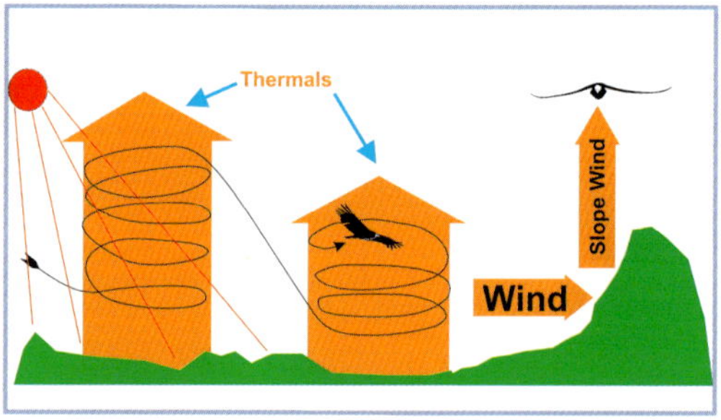

The migratory route systems in America and Europe-Africa clearly support this fact – many raptors come together in such places as Mesoamerica, Gibraltar, Messina-Sicily, and Bosporus straits. These places are known as 'funnels' or 'bottlenecks'. Apart from wide water stretches, raptors also avoid high mountains and motion to fly around them. As a result, bottlenecks form at mountain passes (e.g. Jvari Pass). In cloudy weather when thermals weaken or stop, migrating raptors slowdown their movement considerably. Notably, falcons (e.g. Peregrine Falcon, Hobby, Merlin) are active flyers during migration and would rather flap than depend on thermals; therefore they do not congregate in bottlenecks the way buzzards do, at times in soaring swarms containing hundreds of individuals.

One of the major bottlenecks of the Europe-Africa migratory system is in western Georgia near the town of Batumi. This bottleneck forms in the fall, after southbound raptors have climbed over the western and central parts of the Greater Caucasus mountain range, and descend onto the Kolkheti Lowlands. To avoid flying over open water and mountains once again, most raptors squeeze between the Black Sea coast and the coastal edge of the Meskheti Ridge. Then they cross into Turkey and fan out gradually. The Batumi bottleneck brings together up to 100,000 raptors every fall.

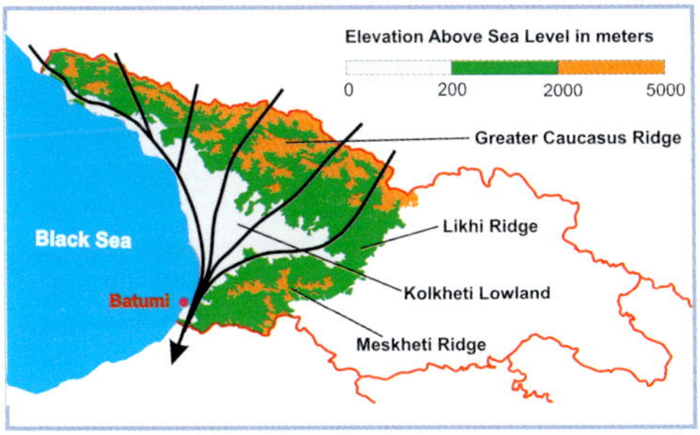

Owl Migration

The majority of owl species found in Georgia are either nonmigratory or partly nomadic, most being year-round residents. Owls may be highly dependent on specific habitat for the availability of appropriate prey and breeding conditions, and because of this tend to have patchy distribution throughout the Caucasus.

In the case of the Boreal Owl, nomadic behavior may be seasonal, prescribed by the lack of prey in winter. Within the Caucasus, movement may be only altitudinal and irruptive, varying from year to year. Isolated from northern populations, the resident '*caucasicus*' race of Boreal Owl is not prone to the cyclical winter 'invasions' from arctic residents dependent on rodents.

Nomadic behavior is also common of the Short-eared Owl, whose resident Caucasian population receives an irregular influx from northern breeders in winter. A small percentage of eastern European Short-eared Owls is also known to migrate through the Caucasus and eastern Turkey, to the eastern Mediterranean wetlands. Similar movements may be true of the Barn Owl, although its presence in the Caucasus is poorly understood.

In the case of the Eurasian Eagle-owl and Tawny Owl, resident populations are widespread and scattered. Breeding pairs maintain large territories during nesting season, but individuals may be prone to wandering the remaining seasons, particularly young birds searching for haunts of their own.

Perhaps the truest migrant among the owl species found in Georgia is also the smallest. No more than 48 cm. in length, the Scops-owl is a common breeder throughout the Caucasus, yet leaves the region entirely in the fall, migrating over the Middle-East and North African deserts to Sub-Sahara.

Current Status of Raptors and Owls in Georgia

Raptors feed on relatively large animals or their carcasses. In other words, raptors occupy a high trophic level in the ecological pyramid. It takes a lot of energy and time to take live prey or to find its carcass. Difficulty in getting food results in low productivity or strong territoriality of pairs. Therefore there are much fewer raptors than other birds in a given area.

Because of their naturally low numbers, raptors are more vulnerable to habitat changes made by humans. That's why nowadays, most raptors worldwide are declining or endangered. Other detrimental factors caused by humans are disturbance, persecution, and food shortage. Pesticides and other types of poisoning, as well as smuggling, further aggravate the situation. Although a lot has been done to protect raptors worldwide, there are many issues yet to be solved.

In this context, Georgia is no exception. For example, destruction of riparian forests in eastern Georgia reduces nest-site availability for such rare tree-nesters as Eastern Imperial and Lesser Spotted Eagles. Overgrazing depletes the food base of these eagles. Illegal grazing and mowing disturbs and threatens ground-nesting Montagu's Harriers. Raptors often fall victim to pesticides and poisoned baits put-out to control terrestrial predators – raptors that have eaten poisoned insects, rodents, or other animals either die or fail in productivity.

The smuggling of raptors out of Georgia has been recorded in quite a few cases. It's known that smuggling in Central Asian countries, especially Kazakhstan, has decimated the populations of Saker Falcon. To stop the illegal trade of raptors, appropriate action and educational campaigns must be launched.

Historically in Georgia raptors were respected as hunters, and it was customary for Georgians to acknowledge the benefit of their help and collaboration in sharing a hunted trophy. Unfortunately, this tradition has been forgotten in some parts of the country including Achara and Guria where over 3,000 raptors are shot while on migration each fall alone. Local people hunt and eat Honey-buzzards, groundlessly using their fat to treat arthritis and asthma. Additionally, local falconers saving money feed their hunting birds with the 'free meat' from shot wild birds, including raptors. Sadly, most of the killed raptors are shot for mere fun.

Intensive research and conservation activities are required in order to reveal these and other issues, to determine their causes of origin, and to eliminate them.

It must be noted that owl species including Little, Long-eared, and Tawny Owls have widespread distribution throughout Eastern Europe. However, populations inhabiting the region appear to be partly disconnected by the Greater Caucasus mountain range. Further studies must be made in order to assess the importance of owl movement through the region. Most of these owl species have declined in numbers throughout their European range. Dependence on mature forests and uncultivated land make Caucasian populations particularly vulnerable.

Table 1 provides summary of conservation statuses of raptors and owls of Georgia. The explanation of abbreviations and symbols is provided on the pages 28-29.

Table 1. Conservation Statuses of Raptors and Owls of Georgia

Latin Name	Common Name	Georgian Name	SPEC	IUCN Europe	Trend in Georgia
Gypaetus barbatus	Lammergeier	ბატკანძერი	SPEC 3	VU	0
Neophron percnopterus	Egyptian Vulture	ფასკუნჯი	SPEC 3	EN	0
Gyps fulvus	Eurasian Griffon	ორბი	Non-SPEC	S	-
Aegypius monachus	Cinereous Vulture	სვავი	SPEC 1	R	-
Haliaeetus albicilla	White-tailed Eagle	თეთრკუდა ფსოვი	SPEC 1	R	-
Haliaeetus leucoryphus	Pallas's Fish Eagle	გრძელკუდა ფსოვი	-	VU	?
Pandion haliaetus	Osprey	შაკი	SPEC 3	R	?
Circaetus gallicus	Short-toed Snake-eagle	გველიჭამია	SPEC 3	R	0
Hieraaetus pennatus	Booted Eagle	ჩია არწივი	SPEC 3	R	?
Hieraaetus fasciatus	Bonelli's Eagle	ქორისებრი არწივი	SPEC 3	EN	?
Aquila chrysaetos	Golden Eagle	მთის არწივი	SPEC 3	R	0
Aquila heliaca	Imperial Eagle	ბექობის არწივი	SPEC 1	R	-
Aquila nipalensis	Steppe Eagle	ველის არწივი	SPEC 3	EN	?
Aquila clanga	Greater Spotted Eagle	დიდი მყივანი არწივი	SPEC 1	EN	?
Aquila pomarina	Lesser Spotted Eagle	მცირე მყივანი არწივი	SPEC 2	D	+
Milvus migrans	Black Kite	ძერა	SPEC 3	VU	-
Milvus milvus	Red Kite	ბორა	SPEC 2	D	?
Circus aeruginosus	Western Marsh-harrier	ჭაობის ძელქორი	Non-SPEC	S	0
Circus cyaneus	Northern Harrier	მინდვრის ძელქორი	SPEC 3	H	?
Circus macrourus	Pallid Harrier	ველის ძელქორი	SPEC 1	EN	?
Circus pygargus	Montagu's Harrier	მდელოს ძელქორი	Non-SPEC	S	-
Buteo lagopus	Rough-legged Hawk	ფეხბანჯგვლიანი კაკაჩა	Non-SPEC	S	?
Buteo rufinus	Long-legged Buzzard	ველის კაკაჩა	SPEC 3	VU	0
Buteo buteo	Common Buzzard	ჩვეულებრივი კაკაჩა	Non-SPEC	S	0
Pernis apivorus	European Honey-buzzard	კრაზანაჭამია	Non-SPEC	S	0
Accipiter gentilis	Northern Goshawk	ქორი	Non-SPEC	S	0
Accipiter nisus	Eurasian Sparrowhawk	მიმინო	Non-SPEC	S	0
Accipiter brevipes	Levant Sparrowhawk	ქორცქვიტა	SPEC 2	VU	?
Accipiter badius	Shikra	შიკრა	Non-SPEC	S	?
Falco naumanni	Lesser Kestrel	მცირე კირკიტა	SPEC 1	H	-
Falco tinnunculus	Common Kestrel	ჩვეულებრივი კირკიტა	SPEC 3	D	0
Falco vespertinus	Red-footed Falcon	წითელფეხა შავარდენი	SPEC 3	VU	F
Falco subbuteo	Eurasian Hobby	მარჯანი	Non-SPEC	S	?
Falco columbarius	Merlin	ალალი	Non-SPEC	S	?
Falco peregrinus	Peregrine Falcon	შავარდენი	Non-SPEC	S	0
Falco biarmicus	Lanner Falcon	წითელთავა შავარდენი	SPEC 3	VU	0
Falco cherrug	Saker Falcon	გავაზი	SPEC 1	EN	0
Tyto alba	Barn Owl	ბუხრინწა	SPEC 3	D	N
Otus scops	Common Scops-owl	წყრომი	SPEC 2	H	?
Bubo bubo	Eurasian Eagle-owl	ზარნაშო	SPEC 3	H	?
Athene noctua	Little Owl	ჭოტი	SPEC 3	D	?
Strix aluco	Tawny Owl	ტყის ბუ	Non-SPEC	S	?
Asio otus	Long-eared Owl	ოლოლი	Non-SPEC	S	?
Asio flammeus	Short-eared Owl	ჭაობის ბუ	SPEC 3	H	?
Aegolius funereus	Boreal Owl	ბუკიოტი	Non-SPEC	S	?

Source: BirdLife International, 2004

Bird conservation in Georgia

Georgian Center for the Conservation of Wildlife (GCCW) implements bird research and conservation activities in Georgia since 1994. Initially, species inventories are conducted in various regions of the country, and based on obtained information and gained experience, special programs and projects are deigned for research and conservation of birds in Georgia. GCCW is an affiliate of BirdLife International since 2000, and a member of IUCN since 2001. Ongoing bird conservation activities include:

- Species conservation programs: Vultures, Imperial Eagle, other raptors, Caucasian Grouse, and other galliformes.
- Sites conservation: Important Bird Areas (IBA) program.
- Monitoring programs: Migratory raptors, wintering water birds, and wildlife monitoring of large development projects.
- Assistance to the Protected Areas, in development of bird monitoring schemes and capacity building.
- Conservation and sustainable management planning for wetlands and mountain ecosystems.
- Birdwatching promotion.
- Capacity building of community-based conservation groups.
- Schools for Nature program: Small grants for schools, provision of materials, establishment of wildlife clubs.
- Publishing: Books, brochures, posters, and other printing materials on birds, nature, and conservation.
- Policy and advocacy: Participation in the national biodiversity strategy and policy developments, and biodiversity assessments.

More detailed information on these programs and projects can be viewed at GCCW's website: www.gccw.org.

Birdwatching in Georgia

Georgia provides unique opportunities for birdwatchers. With over 360 bird species recorded and a high diversity of habitats for such a small territory, it is possible to watch more than 200 species in a two week period. Georgia, as part of the Caucasus is one of the three "Endemic Bird Areas" of Europe, containing four endemic species: Caucasian Grouse, Caucasian and Caspian Snowcocks, and Mountain Chiffchaff. It is impossible to observe these birds anywhere else in the world. About 20 globally threatened and rare species occur in Georgia, and many are present in large numbers so that it is easy to find and watch these natural wonders. Internationally recognized wetland sites in Georgia are refuge to a high diversity of water birds year-round - during breeding, migration, and wintering seasons. Over half a million wintering water birds have been recorded in the wetlands of Georgia. The Georgian Black Sea coast is an important migratory corridor and a refueling area for large numbers of migratory raptors as well as water birds and passerines - this pathway known as the "Eastern Black Sea Migration Route" funnels birds from breeding populations in Fenno-Scandinavia and Russia to wintering areas in the Middle East and Africa.

There are 31 globally Important Bird Areas (IBAs) in Georgia supporting significant populations of rare birds and their important congregations. Finally, Georgia provides unique cultural and historical attractions that add to the valuable reasons for choosing it as a birdwatching destination. More detailed information on birding opportunities in Georgia can be viewed at www.birding-georgia.com

Raptors and Owls in Protected Areas of Georgia

Three tables below provide information on occurence of raptors and owls in protected Areas of Georgia. The Following symbols are used to present this information: YR - Present year-round; B – Breeds; W – Winters; S - Present in Summer; M - Present during migration; P - Possibly breeds; Cas – Casual; ? - Unknown

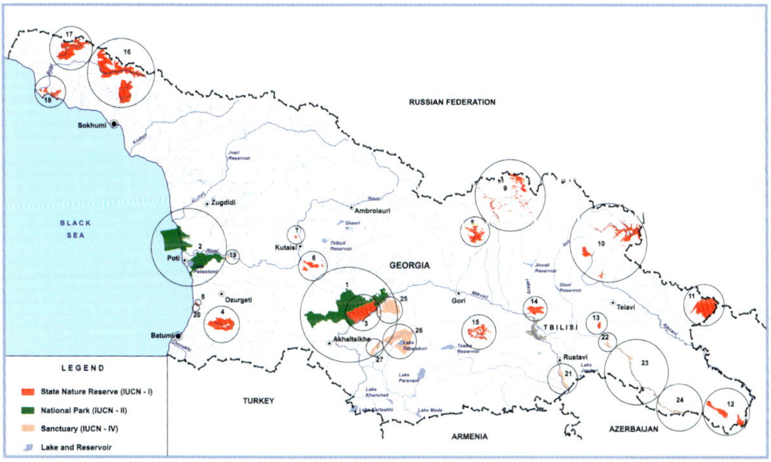

1. Borjomi-Kharagauli National Park
2. Kolkheti National Park
3. Borjomi State Nature Reserve
3. Kintrishi State Nature Reserve
4. Kobuleti State Nature Reserve
6. Ajameti State Nature Reserve
7. Sataplia State Nature Reserve
8. Liakhvi State Nature Reserve
9. Kazbegi State Nature Reserve
10. Tusheti Protected Areas
11. Lagodekhi Protected Areas
12. Vashlovani Protected Areas
13. Mariamjvari State Nature Reserve
14. Saguramo State Nature Reserve
15. Algeti State Nature Reserve
16. Pskhu-Gumista State Nature Reserve
17. Ritsa State Nature Reserve
18. Pitsunda-Miussera State Nature Reserve
19. Katsoburi Sanctuary
21. Gardabani Sanctuary
22. Korugi Sanctuary
23. Iori Sanctuary
24. Chachuna Sanctuary
25. Nedzvi Sanctuary
26. Ktsia-Tabatskuri Sanctuary
27. Tetrobi Sanctuary

Table 2. Raptors and Owls in Protected Areas of Georgia: State Nature Reserves

Species Scientific Name	Algeti	Ajameti	Gumista	Kazbegi	Kintrishi
Gypaetus barbatus				YR	S
Neophron percnopterus	B	M	M	S, M	M
Gyps fulvus	S			YR	S
Aegypius monachus				S	
Haliaeetus albicilla					
Haliaeetus leucoryphus					
Pandion haliaetus	M	M	M	M	M
Circaetus gallicus	M	M	M	M	M
Hieraaetus pennatus	B	B	B	M	B
Hieraaetus fasciatus					
Aquila chrysaetos				YR	YR
Aquila heliaca	YR	M	M	M	M
Aquila nipalensis	M	M	M	M	M
Aquila clanga	M	M	M	M	M
Aquila pomarina	B	B	M	M	M
Milvus migrans	YR	YR	M	M	M
Milvus milvus					
Circus aeruginosus	M	M	M	M	M
Circus cyaneus	M	M	M	M	M
Circus macrourus	M	M	M	M	M
Circus pygargus	M	M	M	M	M
Buteo lagopus	W	M	M	M	M
Buteo rufinus	M	M	M	M	M
Buteo buteo	YR	YR	YR	YR	YR
Pernis apivorus	B	B	B	M	B
Accipiter gentilis	YR	YR	YR	YR	YR
Accipiter nisus	YR	YR	YR	YR	YR
Accipiter brevipes	M	M	M	M	M
Accipiter badius					
Falco naumanni	M	M	M	M	M
Falco tinnunculus	YR	YR	M	B	M
Falco vespertinus	M	M	M	M	M
Falco subbuteo	B	B	M	M	M
Falco columbarius	M	M	M	M	M
Falco peregrinus	YR	YR	YR	YR	YR
Falco biarmicus					
Falco cherrug					
Tyto alba					
Otus scops	B	B	M	B	M
Bubo bubo	YR	YR	YR	YR	YR
Athene noctua	YR	?	M	M	M
Strix aluco	YR	YR	YR	YR	YR
Asio otus	YR	YR	YR	YR	YR
Asio flammeus					
Aegolius funereus			YR		YR

Table 2. ... continued. State Nature Reserves

Liakhvi	Mariamjvari	Pitsunda	Ritsa	Saguramo	Sataplia
M	B	M	M	B	M
	YR				
	S				
M	M	M	M	M	M
M	M	M	M	M	M
B	B	B	B	B	B
M	?	M	M	M	M
M	M	M	M	M	M
M	M	M	M	M	M
B	B	M	M	B	M
M	B	M	M	B	B
M	M	M	M	M	M
M	M	M	M	M	M
M	M	M	M	M	M
M	M	M	M	M	M
M	M	M	M	M	M
M	M	M	M	M	M
YR	YR	YR	YR	YR	YR
B	B	B	B	B	B
YR	YR	YR	YR	YR	YR
YR	YR	YR	YR	YR	YR
M	M	M	M	M	M
M	M	M	M	M	M
M	YR	M	M	M	M
M	M	M	M	M	M
M	B	M	M	B	B
M	M	M	M	M	M
YR	YR	M	YR	YR	?
M	B	B	M	B	B
YR	YR	YR	YR	YR	YR
M	YR	?	M	YR	?
YR	YR	YR	YR	YR	YR
YR	YR	YR	YR	YR	YR
YR			YR	YR	

Table 3. Raptors and Owls in Protected Areas of Georgia: National Parks and Multiple-zone Protected Areas

Species Scientific Name	Borjomi-Kharagauli	Kolkheti	Lagodekhi	Tusheti	Vashlovani
Gypaetus barbatus	S		YR	YR	W
Neophron percnopterus	B				B
Gyps fulvus	S		S	YR	YR
Aegypius monachus	S		S	S	YR
Haliaeetus albicilla		YR			W
Haliaeetus leucoryphus					Cas
Pandion haliaetus	M	M	M	M	M
Circaetus gallicus	M	M	M	M	B
Hieraaetus pennatus	B	M	B	B	B
Hieraaetus fasciatus	Cas				
Aquila chrysaetos	YR		YR	YR	
Aquila heliaca	M	M	M	M	YR
Aquila nipalensis	M	M	M	M	M
Aquila clanga	M	W, M	M	M	M
Aquila pomarina	B	B	B	M	M
Milvus migrans	B	YR	M	M	W, M
Milvus milvus		Cas			
Circus aeruginosus	M	YR	M	M	M
Circus cyaneus	M	W	M	M	W
Circus macrourus	M	M	M	M	W
Circus pygargus	M	M	M	M	M
Buteo lagopus	M	M	M	M	M
Buteo rufinus	M	M	M	M	YR
Buteo buteo	YR	YR	YR	YR	YR
Pernis apivorus	B	B	B	B	B
Accipiter gentilis	YR	YR	YR	YR	YR
Accipiter nisus	YR	YR	YR	YR	YR
Accipiter brevipes	M	M	M	M	B
Accipiter badius					Cas
Falco naumanni	M	M	M	M	B
Falco tinnunculus	YR	YR	YR	YR	YR
Falco vespertinus	M	M	M	M	M
Falco subbuteo	B	B	B	B	B
Falco columbarius	M	M	M	M	W, M
Falco peregrinus	YR	M	YR	YR	M
Falco biarmicus					YR
Falco cherrug		W			
Tyto alba		YR			
Otus scops	B	B	B	B	B
Bubo bubo	YR	?	YR	YR	YR
Athene noctua	YR	?	YR	?	YR
Strix aluco	YR	YR	YR	YR	YR
Asio otus	YR	YR	YR	YR	YR
Asio flammeus		?			W
Aegolius funereus	YR		YR	YR	

Table 4. Raptors and Owls in Protected Areas of Georgia: Sanctuaries

Species Scientific Name	Chachuna	Gardabani	Iori	Katsoburi	Korugi	Ktsia-Tabatskuri	Nedzvi	Tetrobi
Gypaetus barbatus	W					S		
Neophron percnopterus	B	M	B	M	M	S, M	M	B
Gyps fulvus	YR		YR			S		
Aegypius monachus	YR		YR					
Haliaeetus albicilla	W	YR		YR				
Haliaeetus leucoryphus	Cas							
Pandion haliaetus	M	M	M	M	M	M	M	M
Circaetus gallicus	B	M	B	M	B	M	M	M
Hieraaetus pennatus	B	?	B	M	?	M	B	B
Hieraaetus fasciatus							Cas	Cas
Aquila chrysaetos								YR
Aquila heliaca	YR	YR	YR	M	YR	M	M	M
Aquila nipalensis	M	M	M	M	M	M	M	M
Aquila clanga	M	M	M	W, M	M	M	M	M
Aquila pomarina	M	B	?	B	B	B	B	B
Milvus migrans	W, M	YR	YR	YR			M	?
Milvus milvus				Cas				
Circus aeruginosus	W, M	W, M	M	YR	M	M	M	M
Circus cyaneus	W		W	W	W	M	M	M
Circus macrourus	W		W	M	W	M	M	M
Circus pygargus	M		M	M	M	B	M	M
Buteo lagopus	M			M		M	M	M
Buteo rufinus	YR		YR	M		S	M	M
Buteo buteo	YR	YR	YR	YR	YR	B	YR	YR
Pernis apivorus	B	B	B	M	B		B	?
Accipiter gentilis	YR	YR	YR	YR	YR	M	YR	YR
Accipiter nisus	YR	YR	YR	YR	YR	M	YR	YR
Accipiter brevipes	B	M	B	M	?	M	M	M
Accipiter badius	Cas							
Falco naumanni	B		S,M	M	M	M	M	M
Falco tinnunculus	YR	YR	YR	YR	YR	S, M	M	B
Falco vespertinus	M	M	M	M	M	S, M	M	M
Falco subbuteo	B	B	B	B	B	M	M	M
Falco columbarius	W, M		W,M	M		M	M	M
Falco peregrinus	M	M	M	M	M	S, M	YR	YR
Falco biarmicus	?							
Falco cherrug	YR							
Tyto alba				P				
Otus scops	B	B	B	?	B	M	?	?
Bubo bubo	YR	YR	YR	?	YR	YR	?	YR
Athene noctua	YR	YR	YR	?	YR	?	?	?
Strix aluco	YR	YR	YR	YR	YR	M	YR	YR
Asio otus	YR	YR	YR	YR	YR	S, M	YR	YR
Asio flammeus	W			?		S, P		
Aegolius funereus							YR	?

მტაცებელი ფრინველებისა და ბუების კლასიფიკაცია და რკვევა

ცხოველთა მრავალფეროვნების უკეთ აღსაქმელად მიღებულია მათი კლასიფიცირების სისტემა. ასეთი სისტემით არიან კლასიფიცირებულნი მტაცებელი ფრინველები და ბუები. მაგალითად, საქართველოში მობუდარი "*brookei*" რასის შავარდენი კლასიფიცირდება შემდეგნაირად:

ოჯახი	შავარდნისნაირნი	*Falconidae*
გვარი	შავარდნები	***Falco***
სახეობა	შავარდენი	***peregrinus***
რასა *საქართველოს ტერიტორიაზე*		***brookei***

ქვემოთ მოგვყავს მოკლე ინფორმაცია საქართველოში გავრცელებული მტაცებელი ფრინველებისა და ბუების გვარების შესახებ.

მტაცებელი ფრინველები: დღის მტაცებელი ფრინველები

საქართველოში აღრიცხული 37 სახეობის დღის მტაცებელი ფრინველი მიეკუთვნება 3 ოჯახს. ყველა მათგანი იკვებება მხოლოდ ცხოველებით და გააჩნიათ მოკაუჭებული მოკლე ნისკარტი და ძლიერი ბრჭყალები. მსხვერპლის მოპოვების წესები განსხვავებულია თითოეული სახეობისთვის. უმეტესობა სახეობებისა აქტიური მონადირეა, მაგრამ ზოგიერთი მათგანი მხოლოდ მძორით (ლეშით) იკვებება. სხეულის ზომა მტაცებელ ფრინველებში ძალზედ განსხვავებულია. სვავი, რომლის ფრთების შლილი 295 სმ-ს აღწევს, ნელა დალივლივებს მშრალი გორაკებისა და კანიონების თავზე ლეშის ძებნაში. ამავდროულად პატარა ზომის ალალი, რომლის ფრთების შლილი სულ 50 სმ-ია, აგრესიულად უტევს ხოლმე ბევრად დიდი ზომის მტაცებელ ფრინველებს.

ოჯახები:
ქორისებრნი (*Accipitridae*): ჯგუფი აერთიანებს ლეშიჭამია მტაცებელ ფრინველებს, არწივებს, კაკაჩებს, ქორებს, ძერებს და ძელქორებს. ამ ოჯახში გაერთიანებულ ფრინველებს ძირითადად განიერი ფრთები აქვთ. ამ გვარიდან 28 სახეობის ფრინველია აღრიცხული საქართველოში (მათგან 4 შემთხვევითად შემომფრენი).

შაკისებრნი (*Pandionidae*): ოჯახი წარმოდგენილია მსოფლიოში მხოლოდ ერთი სახეობით - შაკი. ეს არის თევზზე სპეციალიზირებული სახეობა, რომელსაც გააჩნია "თევზაობის" ძალზე საინტერესო ტექნიკა და ამისთვის შეგუებული ბრჭყალები.

შავარდნისებრნი (*Falconidae*): შავარდნები. სწრაფად მფრენი ვიწროფრთიანი ფრინველები, რომელთა უმრავლესობა მსხვერპლს იჭერს ჰაერში. საქართველოში აღრიცხულია 8 სახეობა.

ლეშიჭამიები
4 სახეობა, 4 გვარი: *Gypaetus, Gyps, Aegypius, Neophron*. დიდი და საშუალო ზომის ფრინველები, რომლებიც თავიანთი განიერი ფრთების მეშვეობით ლივლივით ეძებენ საკვებს. ყველა მათგანი არის ლეშიჭამია, შედარებით სუსტად განვითარებული ბრჭყალებით და შეუბუმბლავი ან სუსტად შებუმბლული თავით.

არწივები
10 სახეობა, 4 გვარი: *Circaetus, Haliaeetus, Hieraaetus, Aquila*. ჯგუფში გაერთიანებულნი არიან დიდი და საშუალო ზომის ფრინველები, რომლებსაც სქელი, ძლიერი ნისკარტი და დიდი, ძლიერი ბრჭყალები აქვთ. ეს ფრინველები უმეტესად აქტიური მტაცებლები არიან, გრძელი და ფართო ფრთებით.

შაკი
1 სახეობა, 1 გვარი: *Pandion*. შაკი ღია ფერის მტაცებელი ფრინველია გრძელი და ვიწრო ფრთებით. ეს ფრინველი ძირითადად გვხვდება წყალსატევების მახლობლად.

შავარდნები
8 სახეობა, 1 გვარი: *Falco*. საშუალო და მცირე ზომის ფრინველები წაწვეტებული და გრძელი ფრთებით. მსხვერპლს იჭერენ ძირითადად ჰაერში სწრაფი ფრენის მეშვეობით. მათ უმრავლესობას ლოყაზე აქვს მუქი ზოლი ე.წ. ულვაში, აგრეთვე მოკლე და ძლიერი ნისკარტი დამახასიათებელი ე.წ. "კბილით".

ქორები
4 სახეობა, 1 გვარი: *Accipiter*. მცირე და საშუალო ზომის ფრინველები მოკლე და განიერი ფრთებით და გრძელი ვიწრო კუდით. ახასიათებთ აქტიური ფრენა, მოკლე ლივლივის მონაცვლეობით.

კაკაჩები
4 სახეობა, 2 არამონათესავე გვარი: *Buteo*, *Pernis*. საშუალო ზომის ფრინველები ფართო ფრთებით. ფრენისას მათი მსგავსების გამო ისინი აქ ერთად არიან მოთავსებულნი. "Buteos" ნახვა უმეტესად ტყიან და ღია ჰაბიტატებში შეიძლება. იკვებებიან ძირითადად მღრღნელებით. Pernis გვარი წარმოდგენილია ერთი სახეობით - კრაზანაჭამია. სახელი მისი ცხოვრების წირიდან გამომდინარეობს - იგი უმეტესად კრაზანების, ბაზებისა და სხვა სიფრიფანფრთიანების ლარვებით იკვებება.

ძელქორები
4 სახეობა, 1 გვარი: *Circus*. საშუალო ზომის ფრინველები გრძელი ფრთებითა და ვიწრო და გრძელი კუდით. საკვებს მოიპოვებენ მინდვრებში და სხვა ღია ადგილებზე. საკვების ძებნისას ფრენენ ნელა, დაბალ სიმაღლეზე. დედლები და ახალგაზრდები მოყავისფროა, მამლები კი - მონაცრისფრო რუხები.

ძერები
2 სახეობა, 1 გვარი: *Milvus*. საშუალო და დიდი ზომის ფრინველები განიერი ფრთებითა და დამახასიათებელი ამონაკვეთით კუდზე. დაფრინავენ ძირითადად ლივლივით ან ირაოთი.

ბუები: ღამის მტაცებელი ფრინველები

საქართველოში აღრიცხულია ბუების 8 სახეობა, რომლებიც 2 ოჯახშია გაერთიანებული. ეს ფრინველები ძირითადად აქტიურნი არიან შებინდებიდან გარიჟრაჟამდე. ჯგუფი არ ენათესავება დღის მტაცებელ ფრინველებს, მაგრამ იკავებს მსგავს ნიშას, თუმცა მხოლოდ ღამის განმავლობაში. ჯგუფში შემავალი ყველა სახეობა იკვებება სხვადასხვა ზომის ცხოველებით, შესაბამისად გააჩნიათ მოკლე და მოკაუჭებული ნისკარტი და ძლიერი ბრჭყალები. ბუმბულების ფაფუკი აგებულების გამო შეუძლიათ უხმაუროდ ფრენა და მსხვერპლზე მოულოდნელად თავდასხმა. ბუებს აქვთ დიდი თავი, რომელზეც სმენის გასაუმჯობესებლად დამახასიათებელი სახის დისკია მოთავსებული. დიდი თვალები დახმარებას უწევთ შეზღუდული განათების პირობებში მხედველობის გასაუმჯობესებლად.

ოჯახები:
ბუსებრნი (*Strigidae*): დიდი, საშუალო და მცირე ზომის ფრინველები, ბუმბულის ძალზე რთული შეფერილობით, რომელიც შეხამებულია ხის ღეროსთან. საქართველოში აღრიცხულია 7 სახეობა.

ბუხრინწასებრნი (*Tytonidae*): საშუალო ზომის ფრინველები დამახასიათებელი გულის ფორმის სახის დისკით. ხშირად გვხვდება ადამიანის სამოსახლოებთან. საქართველოში აღრიცხულია ერთი სახეობა - ბუხრინწა.

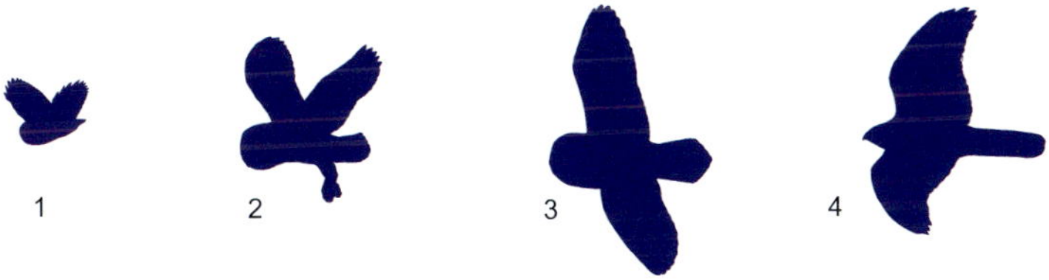

ბუების ყველა სახეობას ფრენისას აქვს დამახასიათებელი სილუეტი: 1- ზომით ძალიან პატარა წყრომს აქვს ფართო მომრგვალებული ფრთები და მოკლე კუდი; 2- ბუხრინწებს ხშირად ფრენის დროს ფეხები აქვთ ჩამოშვებული; 3- ჭაობის ბუებს აქვთ გრძელი ფრთები და ნადირობენ ღია მინდვრებზე, ისევე, როგორც ძელქორები; 4- მოყვანილია ქორის სილუეტი ფორმებისა და ზომის შედარებისათვის.

ფრენის მანერა ვარირებს სახეობების მიხედვით და დამოკიდებულია ფრენის ქცევაზე: 5- არწივებს დამახასიათებელი "თითები" მკაფიოდ გამოკვეთილი აქვთ ირაოს დროს; 6- სვავს ფრთის ბოლოები აპრეხილი აქვს ლივლივის დროს; 7- ფალკონებს კუთხოვანი ფრთები და წამახვილებული კუდი აქვთ ლივლივის დროს; 8- [illegible] წახვეტებული ფრთები ვარდნისას უკან აქვთ მიმართული; 9- შავარდნების თავი ქვემოთაა მიმართული მსხვერპლის მოსაძებნად ქარზე თამაშის დროს. 10- ყველა მტაცებელი ფრინველს სხეულთან მიმართებაში ფრთები უჭირავს გარკვეული კუთხით, რაც შეიძლება დაგვეხმაროს მათ ამოცნობაში.

მტაცებლების გადაფრენა

დედამიწაზე არსებული მტაცებელი ფრინველების უმრავლესობა სეზონურ გადაფრენას (მიგრაციას) ახორციელებს საზამთრო და საბუდარ ადგილებს შორის. ამ მოვლენის ძირითადი მამოძრავებელი ძალა საკვები ბაზის სეზონური ცვლილებებია. როგორც წესი, მტაცებლების გადაფრენა მიმდინარეობს დღისით და ძირითადად განედურ გადაფრენას ან მთაბარობას წარმოადგენს.

განედური გადაფრენის დროს მიგრაცია ხდება დედამიწის განედებს შორის, რომლის დროსაც ფრინველი საკმაოდ დიდ მანძილს ფარავს ჩრდილოეთიდან სამხრეთით და პირიქით. მაგალითად, ძერები და ფასკუნჯები ევროპიდან, კავკასიასა და შუა აზიიდან საზამთროდ მიფრინავენ აფრიკასა და ინდოეთში, გაზაფხულზე კი უკან ბრუნდებიან. მთაბარობის დროს კი გადაფრენა ხდება ზღვის დონიდან მაღალ და დაბალ სიმაღლეებს შორის. მაგალითად, დიდი კავკასიონის სუბალპურ ზონაში მობუდარი ქორები და კაკაჩები გამოსაზამთრებლად ბარის ტყეებში და ქალაქების ტყეპარკებში ეშვებიან. დიდ მანძილზე გადაფრენისას მტაცებლები გზადაგზა ისვენებენ და ნადირობენ, რათა შეივსონ ენერგეტიკული დანაკარგები.

მტაცებლები, სხვა მრავალი ფრინველისგან განსხვავებით, მიგრირებენ ცალ-ცალკე ანუ ფართო ფრონტით, რომელიც მოიცავს მრავალ სამიგრაციო გზას. თანაც, საშემოდგომო და საგაზაფხულო გზები ყოველთვის არ ემთხვევა ერთმანეთს. ისინი გადაფრენისას საკმაოდ მოხერხებულად ზოგავენ ენერგიას, იყენებენ რა მზით გამთბარი მიწის ზედაპირიდან ჰაერის ზეამავალ სითბურ ნაკადებს, ე.წ. თერმალებს და ქარის ზეამავალ ნაკადებს, რომლებიც წარმოიქმნებიან მთებისა და ქედების მიერ ქარის მიმართულების ცვლით. ზეამავალ ჰაერის ნაკადზე "დამჯდარი" ფრინველი ასრულებს ირაოს - იგი ნელ-ნელა იღებს სიმაღლეს მანამ, სანამ ამწევი ნაკადი თანდათან არ გაცივდება და შესუსტდება, ამის შემდეგ ფრინველი ლივლივის მეშვეობით "გადახტება" მახლობელ ახლადწარმოქმნილ თბილ ნაკადზე და ირაოს მეშვეობით ისევ იღებს სიმაღლეს და ასე ირაო-ლივლივის მონაცვლეობით შეუძლია დაფაროს 600 კმ დღეში. ასეთი სამიგრაციო სტრატეგიის და იმის გამო, რომ წყლის ზედაპირზე თერმალები და სხვა ზეამავალი ჰაერის ნაკადები არ წარმოიქმნებიან, მტაცებელი ფრინველები ერიდებიან ზღვისა და ტბების გადაფრენას იმ ადგილებში, სადაც წყლის ზედაპირის სიგანე 25 კმ-ზე მეტია.

მრავალი მტაცებელი გადაფრენისას თავს იყრის ისეთ ადგილებში, როგორებიცაა მეზოამერიკა, გიბრალტარის, მესინა-სიცილიისა და ბოსფორის სრუტეები და რომელთაც "ბოთლის ყელს" ან "ძაბრს" უწოდებენ. უნდა აღინიშნოს რომ შავარდნისებრნი და ძელქორები გადაფრენისას უფრო აქტიურ ფრენას მიმართავენ და თერმალებზე ნაკლები დამოკიდებულების გამო მათი სამიგრაციო გზები არ ქმნიან აშკარა ძაბრებს. წყლის ფართო ზედაპირის გარდა მტაცებლები ერიდებიან მაღალი ქედების გადალახვას და ცდილობენ მათ გვერდის ავლას. ამის შედეგად, ძაბრები იქმნება უღელტეხილებზე (მაგ. ჯვრის უღელტეხილი).

ევროპა-აფრიკის სამიგრაციო სისტემის ერთ-ერთი მნიშვნელოვანი ძაბრი საქართველოში, ბათუმის მახლობლად მდებარეობს. ეს ძაბრი საშემოდგომო გადაფრენისას იქმნება - მტაცებლები გადმოლახავენ დიდი კავკასიონის ცენტრალურ და დასავლეთ ნაწილებს (ამ დროს მათი სამიგრაციო გზები ძირითადად

დაბალ უღელტეხილებზე გადის) და ეშვებიან კოლხეთის დაბლობზე. ენერგიის დაზოგვის მიზნით ერიდებიან შავი ზღვის ზედაპირს, ლიხის და მესხეთის ქედებს და მათი უმეტესი ნაწილი თავს იყრის ბათუმის მიდამოებში. შემდეგ გადაკვეთენ

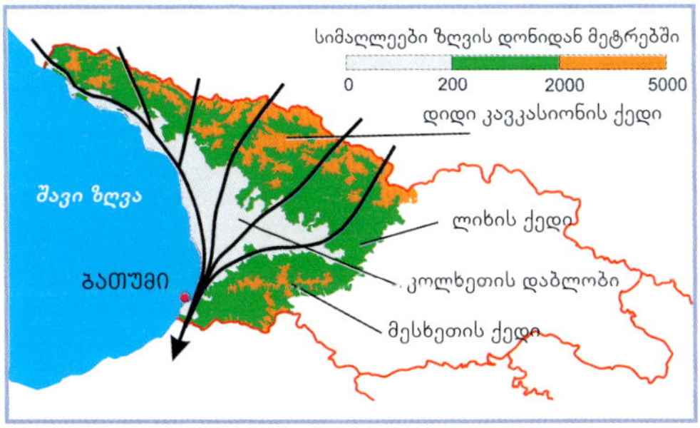

საქართველო-თურქეთის საზღვარს და თანდათან ისევ დაცილდებიან ერთმანეთს. ბათუმის ძაბრში ყოველ შემოდგომაზე 100 000-მდე მტაცებელი ფრინველი გაიფრენს, რაც ევროპის კონტინენტზე ცნობილ სამიგრაციო "ძაბრებს" შორის ერთ-ერთი ყველაზე მაღალი მაჩვენებელია.

ბუების გადაფრენა

საქართველოს ტერიტორიაზე გავრცელებული ბუების სახეობების უმრავლესობა მობინადრეა. მათი გავრცელება დამოკიდებულია სპეციფიურ ადგილსამყოფელოზე და მსხვერპლის რაოდენობაზე, რის გამოც მათი გავრცელება კავკასიაში წყვეტილია. ბუკიოტი ზამთარში, საკვების შემცირების შემთხვევაში, შეიძლება ახდენდეს მცირე სიმაღლებრივ გადაადგილებებს. ჩრდილოეთიდან ამ ფრინველების მიგრაცია თითქმის არ ხდება. კავკასიაში მობუდარი ჭაობის ბუებიც ნომადობენ, მხოლოდ ამ სახეობის ჩრდილო პოპულაციები არარეგულარულად მიგრანტები არიან და სამხრეთ კავკასიაში ზამთრობენ. აღმოსავლეთ ევროპული პოპულაციის მცირე ნაწილიც კავკასიის გავლით მიგრირებენ. მსგავსი ცნობები ბუხრინწას მიგრაციების შესახებაც არსებობს, მაგრამ დასაზუსტებელია. ზარნაშო და ტყის ბუ საქართველოში მობინადრეები არიან და საკმაოდ ფართოდ არიან გავრცელებულნი. ერთადერთი მთლიანად მიგრანტი არის წყრომი. ეს მცირე ზომის (21 სმ.) ბუ არის ერთერთი ყველაზე ფართოდ გავრცელებული და მრავალრიცხოვანი კავკასიაში. შემოდგომობით მთელი პოპულაცია ტოვებს საბუდარ ადგილებს და ახლო აღმოსავლეთის გავლით აფრიკას მიაშურებს.

მტაცებელ ფრინველთა დღევანდელი მდგომარეობა

მტაცებელი ფრინველები იკვებებიან შედარებით დიდი ზომის ცხოველებით ან მათი ლეშით, ანუ იმყოფებიან ეკოლოგიური პირამიდის ერთ-ერთ უმაღლეს საფეხურზე. იმისათვის, რომ მტაცებელმა ფრინველმა მოიპოვოს საკვები, მან საკმაოდ დიდი ენერგია და დრო უნდა დახარჯოს. საკვების მოპოვების სირთულე განაპირობებს მტაცებელი ფრინველების დაბალ რეპროდუქტიულობას და ძლიერ გამოხატულ ტერიტორიულობას, ანუ საჭიროა თითოეული წყვილის მიერ საკმაოდ დიდი ტერიტორიის ფლობა და დაცვა სხვა წყვილებისაგან. ამიტომ ნებისმიერ განსაზღვრულ ტერიტორიაზე თითოეული სახეობის მტაცებელი ფრინველის რაოდენობა გაცილებით მცირეა, ვიდრე სხვა სახეობის ფრინველებისა. ბუნებრივად დაბალი რიცხოვნობის გამო, მტაცებლები გამოირჩევიან განსაკუთრებულად მაღალი მგრძნობელობით ადამიანის მიერ მომხდარი ცვლილებების მიმართ. ამიტომაა, რომ დღეისათვის მტაცებელთა უმრავლესობა

მსოფლიო მასშტაბით საგრძნობ შემცირებას განიცდის და ბევრ მათგანს გადაშენება ემუქრება. მათი ადგილსამყოფელოს დეგრადაცია და საკვები ბაზის შემცირება ყველაზე მნიშვნელოვანი შემაწუხებელი ფაქტორია. ამას გარდა, მტაცებელთა მდგომარეობაზე უარყოფით გავლენას ახდენს პესტიციდების ხმარება, პირდაპირი დევნა (ხოცვა, მახეებით ჭერა და განზრახ მოწამვლა) და უკანონო ვაჭრობა.

ამ მხრივ საქართველო გამონაკლისს არ წარმოადგენს - ჭალის ტყეების დაზიანება და განადგურება აღმოსავლეთ საქართველოში იწვევს ხეზე მობუდარი ისეთი იშვიათი მტაცებლების საბუდარი გარემოს შემცირებას, როგორებიცაა ბექობის და მცირე მყივანი არწივი. გადაჭარბებული ძოვება იწვევს ამ არწივების საკვები ბაზის შემცირებას. შინაური პირუტყვის უკონტროლო ძოვება და ბალახის თიბვა მნიშვნელოვან შემაწუხებელ ფაქტორებს წარმოადგენენ მიწაზე მობუდარი მდელოს ძელქორისთვის. ხშირია მტაცებელი ფრინველების დაღუპვისა და დაავადების ფაქტები, რომლებიც გამოწვეულია პესტიციდების ხმარებით - მოწამლული მღრნელებით და მწერებით კვებისას ფრინველიც იწამლება და იღუპება. ამას გარდა, მტაცებლები ხშირად იწამლებიან მგლებისა და ტურების დახოცვის მიზნით დაყრილი მოწამლული ხორცით ან ლეშით.

საქართველოში მტაცებელი ფრინველებით საერთაშორისო ვაჭრობის უკანონო შემთხვევებიც არსებობს. ცნობილია, რომ შუა აზიის ქვეყნებში, განსაკუთრებით ყაზახეთში, სწორედ არაკანონიერი საერთაშორისო ვაჭრობის შედეგად თითქმის გადაშენდა ან მკვეთრად შემცირდა გავაზის და სხვა დიდი ზომის შავარდნების რიცხოვნობა. იგივე რომ არ მოხდეს, საჭიროა სათანადო დაცვითი და საგანმანათლებლო ღონისძიებების შემუშავება და განხორციელება.

საქართველოში მტაცებელ ფრინველებს დიდ პატივს სცემდნენ, რადგან ისინი განიხილებოდნენ, როგორც მონადირენი და ტრადიციისამებრ მონადირეს მონადირისთვის პატივი უნდა ეცა, დახმარებოდა და ნანადირევიც კი უნდა გაეყო. სამწუხაროდ, ეს ძველი ტრადიცია დავიწყებულია საქართველოს ზოგიერთ კუთხეში, მათ შორის აჭარასა და გურიაში, სადაც ადგილი აქვს მტაცებელი ფრინველების მსოფლიო მნიშვნელობის გადაფრენას. აქ შემოდგომის გადაფრენისას სამი ათასზე მეტი მტაცებელი ფრინველი იხოცება. ზოგიერთ მათგანს, მაგალითად, კრაზანაჭამიებს, საკვებად იყენებენ. მათგან მიღებული ქონი კი სრულიად უსაფუძვლოდ ართრიტისა და ასთმის სამკურნალო მალამოდ გამოიყენება. გარდა ამისა, ზოგიერთი ადგილობრივი ბაზიერი თავის მიმინოს სწორედ სხვადასხვა მტაცებელი ფრინველის ხორცით კვებავს. ხშირია ასევე მტაცებელთა დახოცვა გართობის მიზნით. ამ და სხვა პრობლემების გამოსავლენად, მათი წარმოშობის მიზეზების დასადგენად და გადაჭრის გზების მოსაძებნად საჭიროა ინტენსიური სამეცნიერო კვლევების ჩატარება, ფრინველთა რეგულარული მონიტორინგი და დაცვითი ღონიძიებების წარმართვა.

ბუების უმრავლესობა ფართოდაა გავრცელებული მთელს ევროპში. მაგრამ დიდი კავკასიონის ქედის გამო საქართველოს ტერიტორიაზე არსებული პოპულაციები გარკვეულწილად იზოლირებულნი არიან. ბუების სახეობების უმრავლესობა ევროპაში კლებას განიცდის. საკმაოდ მოწყვლადია კავკასიური პოპულაციები კლიმაქსურ ტყეებზე და არაკულტივირებულ ლანდშაფტზე დამოკიდებულების გამო. კავკასიაში ბუების სტატუსი და ბიოლოგია შემდგომ კვლევებს საჭიროებს.

ფრინველთა დაცვა საქართველოში

საქართველოს ბუნების შენარჩუნების ცენტრი 1994 წლიდან აქტიურად მოღვაწეობს ფრინველთა შესწავლისა და დაცვის სფეროში. საწყის ეტაპზე განხორციელდა ფრინველთა ინვენტარიზაცია საქართველოს უმეტეს რეგიონში და მოგროვილი ინფორმაციისა და გამოცდილების საფუძველზე ჩამოყალიბდა სპეციალური კვლევითი და კონსერვაციული პროგრამები და პროექტები.

ამჟამად მოქმედი პროგრამებიდან აღსანიშნავია:

- ფრინველთა სახეობების კონსერვაცია: ლეშიჭამია ფრინველები, ბექობის არწივი და სხვა მტაცებლები, კავკასიური როჭო და სხვა ქათმისნაირები,
- ადგილების კონსერვაცია: ფრინველთათვის მნიშვნელოვანი ადგილების ეროვნული პროგრამა
- მონიტორინგი: გადამფრენი მტაცებლები, მოზამთრე წყალმცურავი ფრინველები, ფრინველთა მონიტორინგი ცალკეული ეკონომიკური განვითარების პროექტებში
- დაცული ტერიტორიებისთვის დახმარება ფრინველთა მონიტორინგის სქემების განვითარებასა და განხორციელებაში
- ჭაობების და მთის ეკოსისტემების კონსერვაცია და მდგრადი გამოყენება
- ფრინველების ტურიზმის განვითარება
- ადგილობრივი გარემოსდაცვითი ორგანიზაციების დახმარება და განვითარება
- პროგრამა "სკოლები ბუნების დასაცავად"
- საგამომცემლო საქმიანობა
- მონაწილეობის მიღება ბიომრავალფეროვნების დაცვისა და გამოყენების სფეროებში სახელმწიფო პოლიტიკის შემუშავებაში

ამ და სხვა აქტივობების შესახებ ვრცელი ინფორმაციის მოპოვება შეიძლება საქართველოს ბუნების შენარჩუნების ცენტრის ვებ-გვერდზე: www.gccw.org.

ფრინველები და ტურიზმი

დღევანდელ მსოფლიოში ფრინველებით დაინტერესება იმდენად დიდია, რომ ჩამოყალიბდა ტურიზმის ცალკე სახეობა, რომელსაც ეწოდება ბერდვოჩინგი. ეს ინგლისური ტერმინია და სიტყვა-სიტყვით ფრინველებზე თვალთვალს ნიშნავს. მტაცებელი ფრინველების მიმართ მზარდი ინტერესის გამო, სამიგრაციო ძაბრები და ისეთი ადგილები, სადაც მტაცებლების დიდი მრავალფეროვნებაა, მრავალ ბერდვოჩერს იზიდავს. ყოველივე ამას მოაქვს გარკვეული შემოსავალი, რისი ერთი ნაწილი ხმარდება ბუნების და თვით მტაცებელი ფრინველების კვლევას და დაცვას, მეორე ნაწილი კი – ადგილობრივი მოსახლეობის ეკონომიკური პირობების გაუმჯობესებას. მაგალითად, ჰოქმაუნთინში (აპალაჩის მთები, პენსილვანია, აშშ) მტაცებელი ფრინველების გადაფრენის ფენომენი იზიდავს ათობით ათას ტურისტს, რასაც ყოველწლიურად 1.5 მილიონ აშშ დოლარზე მეტი შემოსავალი მოაქვს. საქართველოს აქვს ყველანაირი პირობა ასეთი ტურიზმის განვითარებლად: აქ გადის მნიშვნელოვანი სამიგრაციო გზები და მტაცებელ ფრინველთა მრავალი სახეობის ნახვა შესაძლებელია როგორც ბუდობისას, ასევე ზამთრობისას. საქართველოში ბერდვოჩინგის შესაძლებლობების შესახებ ვრცელი ინფორმაცია მოცემულია ვებ-გვერდზე: www.birding-georgia.com.

HOW TO USE THIS BOOK — როგორ გამოვიყენოთ ეს წიგნი?

Keys to texts

The texts begin with the species English, Georgian, and Scientific names, followed by species description.

Length is measured from bill tip to tail tip of a flat stretched bird.

Wingspan is the distance between the tips of fully opened wings.

Weight is given in ranges rather than in averages.

Population size is restricted to the number of breeding pairs. To come up with the numbers for those species that were not completely surveyed, we defined habitat requirements and pair densities in some areas and then extrapolated these data over the whole country using the ArcView v.3.3 GIS software package.

Underlined parts in the species descriptive text describe diagnostic identification features that are indicated by lines pointing to those features in the illustrations.

Habitat gives a set of landscape types where the species breeds or forages. Habitat is also an important clue to species identification.

განმარტებები ტექსტისათვის

ფრინველის თითოეული სახეობის ტექსტი იწყება ქართული, ინგლისური და ლათინური სახელებით, რასაც მოჰყვება ფრინველის აღწერა.

სს – სხეულის სიგრძე – გაჭიმული სხეულის სიგრძე სანტიმეტრებში ნისკარტისა და კუდის წვერებს შორის.

ფშ - ფრთების შლილი – ფრთების შლილი სანტიმეტრებში ანუ სიგრძე გაშლილი ფრთების წვერებს შორის.

წ - წონა – წონა გრამებში.

რიცხოვნობა: საქართველოში წყვილების რაოდენობა. ფრინველების უმეტესობა ზუსტადაა აღრიცხული, ხოლო ზოგიერთისთვის რიცხოვნობის მონაცემები მიღებულია ექსტრაპოლაციის პრინციპით.

ქვეშგასმული ხაზი: ქვეშ ხაზი აქვს გასმული იმ ნიშნებს, რომლებსაც უპირველეს ყოვლისა უნდა მიექცეს ყურადღება ფრინველის სწრაფად ამოცნობის მიზნით. ეს სადიაგნოსტიკო ნიშნები ნახატებზეც ხაზებითაა ნაჩვენები.

ადგილსამყოფელო: ლაპარაკია იმ ბიოტოპებზე, სადაც ბინადრობს, ბუდობს, ზამთრობს ან ზაფხულობს მოცემული ფრინველი.

Keys to Illustrations — განმარტებები ნახატებისათვის

Symobol	Explanation	განმარტება
ad./ads.	**Adult/ adults**	**ზრდასრული/ ზრდასრულები**
juv./juvs.	**Juvenile/ juveniles**	**წლევანდულა/ წლევანდულები**
subad./ subads.	**Subadult/ subadults.** Used primarily for raptors with a maturing period of 3 or more years, referring to birds in the growth stage between juveniles and complete adults.	**ახალგაზრდა/ ახალგაზრდები.** გამოიყენება დაახლოებით 3 და მეტი წლის ასაკის მტაცებელი ფრინველებისთვის, აღნიშნავს გარდამავალ სტადიას მოზარდიდან ზრდასრულში.
trans.	**Transitional plumage,** transitional birds. Used primarily for raptors with a brief maturing period, of less than three years. Refers to birds showing intermediate traits of both juvenile and adult plumage.	**გარდამავალი შებუმბვლა.** გამოიყენება ისეთი სახეობებისათვის, რომლებსაც აქვთ მოკლე გარდამავალი პერიოდი წლევანდულობიდან ზრდასრულობამდე და ამ პერიოდის მანძილზე შეიძლება ჰქონდეთ როგორც წლევანდულის, ასევე ზრდასრულის დამახასიათებელი შებუმბვლა.
comp.	**Compare, compared, compared to**	**შედარება, შედარებით.**
imm.	**Immature**. Used primarily for raptors with a maturing period of 3 or more years, referring to birds in the growth stage between juveniles and subadults.	**მოზარდი.** გამოიყენება დაახლოებით 3 წლამდე ასაკის მტაცებელი ფრინველებისთვის, აღნიშნავს გარდამავალ სტადიას წლევანდულადან ახალგაზრდაში.
♀	**Female**	**დედალი**
♂	**Male**	**მამალი**

Keys to maps

განმარტებები რუკებისათვის

Color	Explanation	განმარტება
1	**Year-round range** where the species breeds and occurs throughout the year.	**მობინადრე:** ფრინველი ბუდობს და გვხვდება მთელი წლის განმავლობაში.
2	**Breeding range** where the species breeds and occurs from early March to late September but is absent in the rest of the year.	**მობუდარი:** ფრინველი გვხვდება მხოლოდ ბუდობის დროს - მარტის დასაწყისიდან სექტემბრის ბოლომდე. წლის დანარჩენ დროს ფრინველი სხვაგან ატარებს.
3	**Wintering range** where the species occurs from early December to late February but does not breed.	**მოზამთრე:** ფრინველი გვხვდება მხოლოდ ზამთრობის დროს - დეკემბრის დასაწყისიდან თებერვლის ბოლომდე.
4	**Summering range** where the species occurs from snowmelt until snowfalls but does not breed. This period usually stretches from mid May to mid November.	**მოზაფხულე:** ფრინველი გვხვდება თოვლის ალებიდან მის დადებამდე, მოიპოვებს საკვებს, მაგრამ არ ბუდობს. ეს ჩვეულებრივ შუა მაისიდან ნოემბრის შუა რიცხვებამდე გრძელდება.
5	**Passage range** where the species occurs on seasonal migration or during vagrancy. The spring migration mainly goes on from early March to late May, while the fall one takes place from early August to late November.	ამ ტერიტორიაზე ფრინველი გვხვდება მხოლოდ **გადაფრენის** დროს. საგაზაფხულო გადაფრენა მიმდინარეობს მარტის დასაწყისიდან მაისის ბოლომდე, საშემოდგომო - აგვისტოს დასაწყისიდან ნოემბრის ბოლომდე.
6 ?	Possible breeding site where the species is expected to breed.	ადგილი, სადაც შესაძლებელია ფრინველის ბუდობა, მაგრამ არ არის დაზუსტებული.
7 ● 1997	Location and year of casual species observation.	შემთხვევითი შემომფრენი ფრინველის დაფიქსირების ადგილი და წელი.

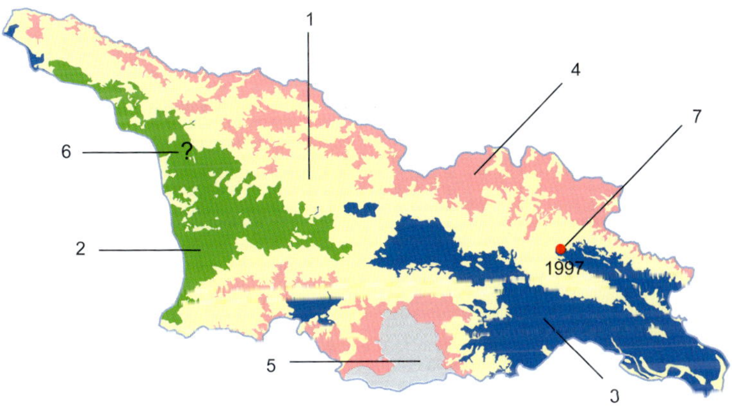

Explanation of Conservation Status Symbols

კონსერვაციული სტატუსის სიმბოლოების ახსნა

In order to present species conservation status, three different features are provided for each species (next to the distribution map) that are described below.

სახეობების მდგომარეობის საჩვენებლად გამოყენებულია სამი მახასიათებელი, რომლებიც მოცემულია გავრცელების რუკის გვერდით და განმარტებულია აქ.

1. Species of European Conservation Concern

1. ევროპაში არასახარბიელო კონსერვაციული სტატუსის სახეობა

SPEC	Explanation	განმარტება
SPEC 1	European species of global conservation concern i.e. classified as Critically Endangered, Endangered, Vulnerable, Near Threatened or Data Deficient under the IUCN Red List Criteria at a global level.	ევროპული სახეობა, რომელსაც აქვს გლობალურად არასახარბიელო კონსერვაციული სტატუსი IUCN-ის წითელი წიგნის კრიტერიუმების მიხედვით (CR, EN, VU, NT, DD). დეტალური განმარტებები მოცემულია ქვემოთ.
SPEC 2	Species whose global populations are concentrated in Europe, and which have an Unfavorable conservation status in Europe.	სახეობა, რომლის გლობალური პოპულაციები კონცენტრირებულია ევროპაში და აქვს არასახარბიელო კონსერვაციული მდგომარეობა ევროპაში.
SPEC 3	Species whose global population are not concentrated in Europe, but which have an Unfavorable conservation status in Europe.	სახეობა, რომლის გლობალური პოპულაციები არ არის კონცენტრირებული ევროპაში, მაგრამ აქვს არასახარბიელო კონსერვაციული მდგომარეობა ევროპაში.
Non-SPEC	Species whose global populations are concentrated in Europe, and which have a Favorable conservation status in Europe.	სახეობა, რომლის გლობალური პოპულაცია კონცენტრირებულია ევროპაში და აქვს სახარბიელო მდგომარეობა ევროპაში.

2. European Threat Status

2. კონსერვაციული სტატუსი ევროპის მასშტაბით

Threat status	Explanation	განმარტება
CR	**Critically Endangered:** European population meets any of the IUCN Red List Criteria for Critically Endangered. Such species have an Unfavorable conservation status in Europe because they are considered to be facing an extremely high risk of extinction in the wild	**კრიტიკულად საფრთხის ქვეშ მყოფი:** სახეობის ევროპული პოპულაცია აკმაყოფილებს ამ სტატუსის რომელიმე კრიტერიუმს IUCN-ის მიხედვით. ასეთ სახეობას აქვს არასახარბიელო კონსერვაციული სტატუსი ევროპაში, რადგან მისი ბუნებაში გაქრობის რისკი უაღრესად მაღალია.
EN	**Endangered:** European population meets any of the IUCN Red List Criteria for Endangered. Such species have an Unfavorable conservation status in Europe because they are considered to be facing a very high risk of extinction in the wild	**საფრთხის ქვეშ მყოფი:** სახეობის ევროპული პოპულაცია აკმაყოფილებს ამ სტატუსის რომელიმე კრიტერიუმს IUCN-ის მიხედვით. ასეთ სახეობას აქვს არასახარბიელო კონსერვაციული სტატუსი ევროპაში, რადგან მისი ბუნებაში გაქრობის რისკი ძალიან მაღალია.
VU	**Vulnerable:** European population meets any of the IUCN Red List Criteria for Vulnerable. Such species have an Unfavorable conservation status in Europe because they are considered to be facing a high risk of extinction in the wild	**მოწყვლადი:** სახეობის ევროპული პოპულაცია აკმაყოფილებს ამ სტატუსის რომელიმე კრიტერიუმს IUCN-ის მიხედვით. ასეთ სახეობას აქვს არასახარბიელო კონსერვაციული სტატუსი ევროპაში, რადგან მისი ბუნებაში გაქრობის რისკი მაღალია.

D	**Declining:** European population does not meet any of the IUCN Red List Criteria, but declined by more than 10% over 10 years (i.e. 1990-2000) or three generations whichever is longer. Such species have an Unfavorable conservation status in Europe because they are unable to maintain their populations and/or natural ranges in the long-term	**შემცირებადი:** სახეობის ევროპული პოპულაცია არ აკმაყოფილებს IUCN-ის რომელიმე სტატუსის კრიტერიუმებს, მაგრამ მისი პოპულაცია შემცირდა 10%-ზე მეტით 10 წლის ან სამი თაობის განმავლობაში. სახეობას აქვს არასახარბიელო კონსერვაციული სტატუსი ევროპაში, რადგან ხანგრძლივ დროში არ შეუძლია პოპულაციის და/ან ბუნებრივი არეალის შენარჩუნება.
R	**Rare:** European population does not meet any of the IUCN Red List Criteria and is not declining, but numbers fewer than 10,000 breeding pairs (or 20,000 breeding individuals or 40,000 wintering individuals), and is not marginal to a larger non-European population. Such species have an Unfavorable conservation status in Europe because the small size of their population renders them more susceptible to accelerated declines as a result of: break-up of social structure; loss of genetic diversity; large-scale population fluctuations and catastrophic chance events; and existing or potential exploitation, persecution or disturbance by humans.	**იშვიათი:** სახეობის ევროპული პოპულაცია არ აკმაყოფილებს IUCN-ის რომელიმე სტატუსის კრიტერიუმებს და არ არის შემცირებადი, მაგრამ მისი რიცხოვნობა ევროპაში 10,000 წყვილზე ნაკლებია (ან 20,000 მობუდარი ინდივიდი, ან 40,000 მოზამთრე ინდივიდი). ასეთ სახეობას აქვს არასახარბიელო კონსერვაციული სტატუსი ევროპაში, რადგან დაბალმა რიცხოვნობამ შეიძლება გამოიწვიოს სახეობის სწრაფი შემცირება რამდენიმე მიზეზით: სოციალური სტრუქტურის რღვევა, გენეტიკური მრავალფეროვნების კარგვა, პოპულაციის ფლუქტუაციები და კატასროფული შემთხვევითი მოვლენები, ადამიანის მხრიდან არსებული ან პოტენციური ექსპლუატაცია, დევნა და შეწუხება.
H	**Depleted:** European population does not meet any of the IUCN Red List Criteria and is not Rare or Declining, but has not yet recovered from a moderate or large decline suffered during 1970-1990, which lead to its classification as Endangered, Vulnerable or Declining in *BiE1*. Such species have an Unfavorable conservation status in Europe because they have already undergone a population decline of the type that various directives, conventions and agreements intend to prevent, and have not yet recovered.	**სუსტი:** სახეობის ევროპული პოპულაცია არ აკმაყოფილებს IUCN-ის რომელიმე სტატუსის კრიტერიუმებს, არ არის შემცირებადი და იშვიათი, მაგრამ ჯერ კიდევ არ აღდგენილა მისი მდგომარეობა 1970-1990 წლებში საშუალო ან მცირე დიდი რიცხოვნობის კლების შემდეგ. ასეთ სახეობას აქვს არასახარბიელო კონსერვაციული სტატუსი ევროპაში, რადგან მათ უკვე განიცადეს რიცხოვნობის მნიშვნელოვანი კლება, რაც სხვადასხვა კანონების, დირექტივების და კონვენციების ყურადღების ქვეშ მოექცა და ჯერ კიდევ ბოლომდე არ აღდგენილან.
S	**Secure:** European population does not meet any of the criteria listed above. Such species have a Favorable conservation status in Europe.	**საიმედო:** სახეობის ევროპული პოპულაცია არ აკმაყოფილებს არც ერთ ზემოთ აღწერილ კრიტერიუმს. ასეთ სახეობას აქვს სახარბიელო კონსერვაციული სტატუსი ევროპაში.

3. Population Trend in Georgia

3. სახეობის რიცხოვნობის დინამიკა საქართველოში

	Explanation	განმარტება
+	Increasing	იზრდება
0	Stable (overall change less than 20%)	სტაბილურია (ცვლილება 20%-ზე ნაკლებია)
-	Decreasing	კლებულობს
F	Fluctuating (interannual changes of at least 20%, but no clear trend overall)	ფლუქტუაციას განიცდის (მინიმუმ 20%-იანი ყოველწლიური ცვლილება, მაგრამ დინამიკა არაერთგვაროვანია)
N	New breeder within period	პირველად აღმოჩენილია მობუდარი ხყვილი უკანასკნელ პერიოდში
?	Unknown (no trend data)	დინამიკა უცნობია (მონაცემები არ არსებობს)

LAMMERGEIER (BEARDED VULTURE)
ბატკანძერი (წვერიანი სვავი, ყაჯირი, კრავიჭამია)
Gypaetus barbatus aureus

Length: 100-115 cm. **Wingspan**: 266-282 cm. **Weight**: 4770-7150 g.
Population: 19-22 pairs
Very large. Female is slightly larger than male. Black stripe across eye forms 'beard' at bill-base. Tail is long and wedged. Tarsus is fully feathered. **ADULT**: Blackish above. Head, neck, and belly are orange or whitish. Iris is yellow. Eye-ring is red. **JUVENILE**: Brown-gray above. Head and neck are blackish. Belly is gray. Iris brown-red. Eye-ring is red-orange or brown-gray. **CONFUSING SPECIES**: Has unique wing attitude when gliding and hanging on wind. Juvenile differs from Egyptian Vulture by much larger size and proportions. **BEHAVIOR**: Flies heavily, typically close to slope surface or low over steep terrain, gliding and soaring in wide turns. Often hangs on wind. Seen singly or in pairs. Acquires orange color by wallowing in iron-rich springs and mud. Breaks big bones by dropping them on rocks from great heights. **HABITAT**: Sparsely wooded canyons. Avoids flatland. **FOOD**: Bones and flesh of dead animals. Rarely takes live prey. **NEST**: Large pile of branches and sticks lined with grass, wool, and animal hair in shallow cave or on ledge of cliff. **EGGS**: 1-2, 84-mm. **EGG LAYING**: First half of January. **INCUBATION**: 55-60 days. **FLEDGING**: 100-110 days. **MATURITY**: 5-7 years old.

სს: 100-115 სმ. **ფშ**: 266-282 სმ. **წ**: 4770-7150 გ.
რიცხოვნობა: 19-22 წყვილი
დედალი უმნიშვნელოდ დიდია მამალზე. გალო შემოსილია თითებამდე. თვალზე გამავალი შავი ზოლი ნისკარტის ქვემოთ წარმოქმნის "წვერს". აქვს გრძელი სოლისებური კუდი. **ზრდასრული:** ზურგის მხარე მოშავოა, თავი და მუცლის მხარე – სტაფილოსფერი ან მოთეთრო. გუგა ყვითელია. თვალის გარსი – წითელი. **წლევანდულა:** ზურგის მხარე მურაა, მუცლის მხარე – ნაცრისფერი. კისერი და თავი მოშავოა. გუგა მოწითალო-ყავისფერია. თვალის გარსი – მოწითალო ან მონაცრისფრო-ყავისფერი. **მსგავსი სახეობები:** წლევანდულა ფასკუნჯისგან განსხვავდება დიდი ზომით. **ქცევა:** დაფრინავს მძიმედ, დაბალ სიმაღლეზე. ბუდობს ცალკეულ წყვილებად. **ადგილსამყოფელო:** მეჩხერი ტყით დაფარული ხრამები. ერიდება ვაკე ადგილებს. **საკვები**: მკვდარი ცხოველების ძვლები და ლეში, კვერცხები. **ბუდე**: ბალახითა და ცხოველების ბეწვით ამოფენილი ტოტების მასიური გროვა კლდეზე. **კვერცხები**: 1-2, 84 მმ. **კვერცხების დება**: იანვრის პირველი ნახევარი. **კრუხობა**: 55-60 დღე. **მართვეს ბუდეში ყოფნის პერიოდი**: 100-110 დღე. **გამრავლების დაწყების ასაკი**: 5-7 წელი.

SPEC: SPEC 3

IUCN Europe: VU

Trend in Georgia: 0

1. Head-on view, inner wings sweep slightly down while tips are held flat. Tail and head droop down as the bird hangs stiffly against the wind scanning for food.

2. May plummet on a steep dive towards food. Birds can appear quite dark against contrasting background.

3. Ad. long tailed and narrow winged. Not all birds show orange tones on body, some are quite pale while others darker overall. Flight-feathers may appear silvery, always with dark trailing-edge.

4. Ad. black flight-feathers are reflective and appear silver above. Gliding wings seem triangular and finely tapered. Note stiff flight with drooping head.

5. Juv. wings appear broader and rounder, with indented trailing edge to dark flight feathers. Tail proportion appears shorter.

6. Juv. dark overall above. May show variable white mottling on mantle.

juv.

fledgeling

ad.

To extract the marrow, breaks big bones by dropping them on rocks

EGYPTIAN VULTURE
ფასკუნჯი
Neophron percnopterus percnopterus

Length: 60-70 cm. **Wingspan**: 155-180 cm. **Weight**: 1580-2200 g.
Population: 100-140 pairs
Medium-sized. Sexes do not differ in size. Bill is narrow and long. Tail is wedged. Tarsus is not feathered. **ADULT**: Face is featherless and yellow. Bill is yellow with dark tip. Body is nearly white. Flight-feathers are black. Iris is dark brown, bright orange, or red. **JUVENILE**: Body is overall brownish with pale featherless face and bill. Iris is brown. **CONFUSING SPECIES**: Juvenile differs from Bearded Vulture by smaller size and proportions. **BEHAVIOR**: More than one bird often seen at carrion together with other scavengers. Eats large-sized eggs by flinging stones at them. Breeding pairs are solitary. **HABITAT**: Canyons and rocky hills near human settlements, semi-desert, and semi-savannahs. Avoids highlands because of harsh climate. Occurs elsewhere on migration. **FOOD**: Carrion, feces of other animals, eggs, tortoises, and small animals. **NEST**: Pile of twigs lined with grass, wool, animal hair, and rubbish in cave or on ledge of cliff. **EGGS**: 1-3, 64-mm. **EGG LAYING**: First half of April. **INCUBATION**: 42 days. **FLEDGING**: 70-90 days. **MATURITY**: 4-5 years old.

სს: 60-70 სმ. **ფშ**: 155-180 სმ. **წ**: 1580-2200 გ.
რიცხოვნობა: 100-140 წყვილი
ზომაში სქესთა შორის განსხვავება არაა. გალო არაა შემოსილი. აქვს წვრილი, გრძელი ნისკარტი და სოლისებური კუდი. **ზრდასრული:** აქვს ყვითელი, შიშველი სახე. ნისკარტი მოყვითალოა მუქი წვერით. სხეული თითქმის მთლიანად თეთრია. მომქნევები შავია და მკვეთრად ემიჯნება ფრთის დანარჩენ ნაწილს. გუგა არის მუქი ყავისფერი, კაშკაშა სტაფილოსფერი ან წითელი. **წლევანდულა:** სხეული მთლიანად მურაა ღია ფერის სახითა და ნისკარტით. გუგა ყავისფერია. **მსგავსი სახეობები:** წლევანდულა განსხვავდება ბატკანძერისგან ბევრად მცირე ზომით და პროპორციებით. **ქცევა:** დაფრინავს მსუბუქად ფრთების ჩქარი ქნევის, ლივლივისა და ხანგრძლივი ირაოს მონაცვლეობით. ჭამს სხვა ფრინველების კვერცხებს, რომლებსაც ტეხავს ქვის დარტყმით. ბუდობს ცალკეულ წყვილებად. **ადგილსამყოფელო:** კლდოვანი ადგილები და ხრამები. ერიდება მაღალმთიან ადგილებს. **საკვები**: ლეში, კვერცხები, კუები და სხვა მცირე ზომის ცხოველები. **ბუდე**: ბალახით, ცხოველების ბეწვითა და ნაგვით შევსებული ტოტების გროვა კლდეზე. **კვერცხები**: 1-3, 64 მმ. **კვერცხების დება**: აპრილის პირველი ნახევარი. **კრუხობა**: 42 დღე. **მართვეს ბუდეში ყოფნის პერიოდი**: 70-90 დღე. **გამრავლების დაწყების ასაკი**: 4-5 წელი.

SPEC 3

IUCN Europe: EN

Trend in Georgia: 0

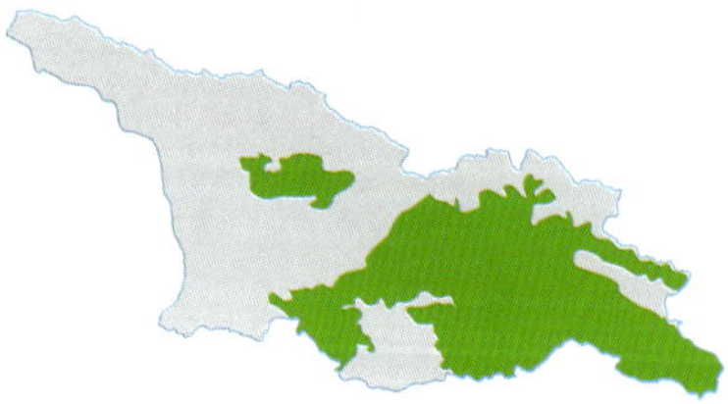

1. Ad. black flight-feathers contrast pale body. Note wedged tail is shorter than width of wing, comp. Lammergeier. Wings held at sharp angle when gliding.

2. Note white 'flash' across dark flight-feather centers. Soars with stiff flattish wings.

3. Subad. pale brown body. Similar to adult. Note light band across wing coverts.

4. Subad. above, pale mantle and dark head.

5. Imm. overall dark with irregular mottling to underbody. Note slender folded tail.

6. Juv. very dark below, tail being palest feature. Note long parallel wings, evenly broad when soaring, with rounded tip.

EURASIAN GRIFFON (GRIFFON VULTURE)

ორბი

Gyps fulvus fulvus

Length: 95-105 cm. **Wingspan**: 240-280 cm. **Weight**: 6500-11250 g.
Population: 50-60 pairs
Very large. Sexes do not differ in size. Head and neck are downy, appearing naked from afar. Tarsus is not feathered. In flight, blackish flight-feathers contrast with paler rest of wing. Wing is widest at secondaries. **ADULT**: Has white 'collar.' Iris is pale yellow-brown. **JUVENILE**: 'Collar' is brown. Iris is green-brown. **CONFUSING SPECIES**: Differs from Cinereous Vulture by paler body, blackish flight-feathers, and wing attitude. **BEHAVIOR**: Flies heavily, generally high above ground, gliding and soaring in wide turns. Forages and feeds collectively. Breeding pairs are colonial. **HABITAT**: Canyons, steppe, semi-desert, semi-savannahs, and meadows above tree line. Avoids woodlands. **FOOD**: Carrion. **NEST**: Loose platform of twigs and branches in cave or on ledge of cliff. **EGGS**: 1-2, 90-mm. **EGG LAYING**: Mid February. **INCUBATION**: 48-54 days. **FLEDGING**: 110-115 days. **MATURITY**: 4-5 years old.

სს: 95-105 სმ. **ფშ**: 240-280 სმ. **წ**: 6500-11250 გ.
რიცხოვნობა: 50-60 წყვილი
ზომაში სქესთა შორის განსხვავება არაა. გალო არაა შემოსილი. თავი და კისერი მკერდამდე ღინღლიანია (შორიდან თითქოს შიშველია). მოშავო მომქნევები მკვეთრად ემიჯნებიან ფრთის დანარჩენ ნაწილს. მეორადი მომქნევების მიდამოში ფრთა შესამჩნევად განიერია. **ზრდასრული:** აქვს თეთრი "საყელო". გუგა მკრთალი მოყვითალო-ყავისფერია. **წლევანდული:** "საყელო" ჟანგისფერია. გუგა მომწვანო-ყავისფერია. **მსგავსი სახეობები:** სვავისგან განსხვავდება ღია ფერის სხეულითა და მუქი მომქნევებით ფრთის დანარჩენ ნაწილთან შედარებით, აგრეთვე ფრენის ტიპის განივი ჭრილით. **ქცევა:** დაფრინავს მძიმედ ძირითადად მაღალ სიმაღლეზე. ფრთებს იშვიათად იქნევს. გვხვდება პატარა გუნდებად, ხშირად დიდი რაოდენობით ლეშთან. ბუდობს კოლონიებად. **ადგილსამყოფელო:** კლდოვანი ხეობები, სტეპები, ნახევარუდაბნოები და ალპური მდელოები. საკვების ძებნისას ან სეზონური გადაადგილებისას შეიძლება შეგვხვდეს სხვა ადგილებშიც. **საკვები**: მძორი (ლეში), ძირითადად შიგნეულობა და სხვადასხვა რბილი ქსოვილი. **ბუდე**: ტოტების უბრალო გროვა კლდეზე. **კვერცხები**: 1-2, 90 მმ. **კვერცხების დება**: თებერვლის შუა რიცხვები. **კრუხობა**: 48-54 დღე. **მართვეს ბუდეში ყოფნის პერიოდი**: 110-115 დღე. **გამრავლების დაწყების ასაკი**: 4-5 წელი.

Non-SPEC

IUCN Europe: S

Trend in Georgia: -

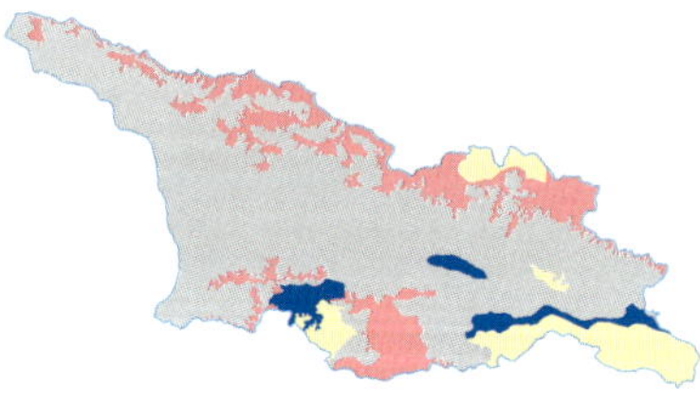

1. Gliding away, wings appear to taper finely, and finger broom hardly visible.

2. Head-on, inner wing flattish, gently down-swept hand with splayed broom. Comp. Cinereous.

3. Gliding, wings raised on slight V or even with body. Comp. Cinereous.

4. Some contrast very pale coverts against dark flight-feathers.

5. Juvs. slightly browner, and trailing edge with pointed feather tips comp. to lighter even-edged adults.

CINEREOUS VULTURE (EURASIAN BLACK VULTURE)
სვავი (სოიო)
Aegypius monachus

Length: 100-110 cm. **Wingspan**: 250-295 cm. **Weight**: 7000-13000 g.
Population: 20-30 pairs
Very large. Female is slightly larger than male. Head is downy. Back of neck is naked. 'Collar' reaches nape. Tarsus is not feathered. Iris is green-brown, yellow-brown, or red-brown. In flight, wing is uniformly dark and its width relatively even throughout. **ADULT:** Head is gray. **JUVENILE:** Body is uniformly darker. Has blackish down on head. **CONFUSING SPECIES:** Differs from Griffon Vulture by uniformly darker body. **BEHAVIOR:** Flies heavily, generally high above ground, gliding and soaring in wide turns. Forages and feeds collectively with Griffon Vulture. Breeding pairs are semi-colonial. **HABITAT:** Arid woodlands, steppe, semi-desert, semi-savannahs, and meadows above tree line. **FOOD**: Carrion. **NEST**: Large platform of twigs and branches lined with bark, animal hair, and bones on top of tree; rarely on cliff ledge. **EGGS**: 1, 90-mm. **EGG LAYING**: Mid February. **INCUBATION**: 50-55 days. **FLEDGING**: 100-120 days. **MATURITY**: 5-6 years old.

სს: 100-110 სმ. **ფშ**: 250-295 სმ. **წ**: 7000-13000 გ.
რიცხოვნობა: 20-30 წყვილი
ზომით დედალი უმნიშვნელოდ დიდი და მძიმეა მამალზე. გალო არაა შემოსილი. საყელო კეფას უახლოვდება. თავი ღინღლიანია, კისრის უკანა ნაწილი კი - ტიტველი. ფრთა მთელ სიგრძეზე დაახლოებით თანაბარი სიგანისაა. ფრთა ერთფეროვნად მუქია და მომქნევები არ ემიჯნებიან ფრთის დანარჩენ ნაწილს. გუგა არის მომწვანო-ყავისფერი, მოყვითალო-ყავისფერი ან მოწითალო-ყავისფერი. **ზრდასრული:** აქვს "ჭაღარა" თავი. **წლევანდული:** უფრო მოშავოა და აქვს მოშავო ღინღლები თავზე. **მსგავსი სახეობები:** ორბისგან განსხვავებით ერთფეროვნად მოშავოა. **ქცევა:** დაფრინავს მძიმედ, ძირითადად მაღალ სიმაღლეზე. ფრთებს იშვიათად იქნევს. ბუდობს ცალკეულ წყვილებად, ზოგჯერ კოლონიებად. **ადგილსამყოფელო:** მშრალი ნათელი ტყეები, სტეპები, ნახევარ-უდაბნოები და ალპური მდელოები. საკვების ძებნისას ან სეზონური გადაადგილებისას შეიძლება შეგვხვდეს სხვა ადგილებშიც. **საკვები**: ლეში. **ბუდე**: ხის ქერქით, ცხოველების ბეწვით, ძვლებითა და სხვა ნარჩენებით ამოფენილი ტოტების მასიური გროვა ხის კენწეროზე, იშვიათად კლდის ქიმზე. **კვერცხები**: 1, 90 მმ. **კვერცხების დება**: თებერვლის შუა რიცხვები. **კრუხობა**: 50-55 დღე. **მართვეს ბუდეში ყოფნის პერიოდი**: 100-120 დღე. **გამრავლების დაწყების ასაკი**: 5-6 წელი.

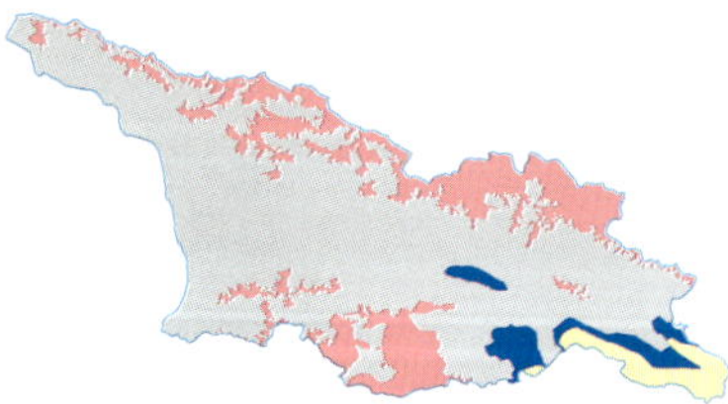

SPEC 1

IUCN Europe: R

Trend in Georgia: -

1. Soars on arched wings.

2. Head-on, wings down-swept with carpal crook. Comp. Griffon.

3. Gliding, wings droop low. Large head compared to Griffon.

4. Gliding, wings fold to a taper. Note wedged tail

5. On a full-soar, wings rectangular. Juv. overall very dark.

6. Soaring away, wings appear round. Tail may seem round or square.

7. Juvenile. All dark bill.

8. Adult. Head and bill become lighter with age.

9. Old adults are very pale headed and may lack dark tones on bill. Heavier bill compared to Griffon.

A colony of Griffon Vultures nesting in semi-desert mountain caves. The nest is often no more than twigs and branches lining a ledge.

ორბების კოლონია აღმოსავლეთ საქართველოს ნახევრად-არიდულ კლდეებზე. ბუდე ხშირად კლდის ქიმზე დაყრილი ტოტების გროვას წარმოადგენს.

Ravens are first attracted to carrion, followed closely by Egyptian Vultures. Unable to tear the skin, they eat out eyes and soft parts. Soon, the Griffon Vultures arrive attracted by the encircling birds. Cinereous Vultures usually arrive last in smaller numbers, waiting at the periphery for a chance to feed.

პირველები ლეშთან მოდიან ყორნები. მათ მოყვებიან ფასკუნჯები, რომლებსაც არ შეუძლიათ ტყავის გაგლეჯა და ამიტომ თვალებს და სხვა რბილ ადგილებს მიირთმევენ. შემდეგ ორბებიც გამოჩნდებიან, ხოლო სვავების ჯერი სულ ბოლოს დგება.

Platform nest of Cinereous Vultures on a juniper overlooking the semi-desert expanse. Parents protect nestlings from the elements by shrouding them with their wings.

სვავის უზარმაზარი ბუდე, რომელიც ღვიაზეა აშენებული, გადაჰყურებს ნახევრადარიდულ ლანდშაფტს. მშობლები ფრთების მეშვეობით მართვეს იცავენ მცხუნვარე მზის სხივებისაგან.

Magpies and Egyptian Vultures discover carrion. When Griffons congregate in low numbers, Cinereous Vultures dominate the feeding, and the hungrier birds aggressively defend while all others wait.

კაჭკაჭები და ფასკუნჯები აღმოაჩენენ ლეშს. ორბების მცირე რიცხოვნობის შემთხვევაში, ლეშთან დომინირებენ სვავები. როგორც წესი, ყველაზე მშიერი ფრინველი აგრესიულად იცავს ლეშს და ამ დროს სხვები შორიახლოს იცდიან.

WHITE-TAILED EAGLE
თეთრკუდა ფსოვი (თეთრკუდა არწივი)
Haliaeetus albicilla albicilla

Length: 70-90 cm. **Wingspan**: 200-240 cm. **Weight**: 3000-7500 g.
Population: 1-3 pairs
Large. Female is 15% larger and 25% heavier than male. Bill is massive. Tail is slightly wedged. Tarsus is half-feathered. **ADULT**: Brownish overall. Tail is white. Iris and bill are yellow. **SUBADULT**: Variable and extensive pale mottling on back, wing coverts, breast, and tail. Iris and bill intermediately pale. **JUVENILE**: Body is darker. Iris is dark-brown. Bill is dark. Edges of flight and tail feathers are dark. Rest of underwing has pale streaks. **CONFUSING SPECIES**: Adult differs from other eagles by white tail, while juveniles and subadults differ by pale streaks on underwing. **BEHAVIOR**: Often seen over lakes and large rivers. Glides heavily over wetlands, flapping alternately with slow beats. Breeding pairs are solitary. **HABITAT**: Sparsely wooded wetlands, large lakes, seaside, and riparian forests. **FOOD**: Small and medium-sized animals, fish, and carrion. **NEST**: Large platform of branches and sticks lined with grass and moss in tree or on cliff ledge. **EGGS**: 1-4, 75-mm. **EGG LAYING**: End of February. **INCUBATION**: 34-46 days. **FLEDGING**: 70-75 days. **MATURITY**: 5-6 years old.

სს: 70-90 სმ. **ფშ**: 200-240 სმ. **წ**: 3000-7500 გ.
რიცხოვნობა: 1-3 წყვილი
ზომით დედალი 15%-ით დიდია და წონით 25%-ით მძიმეა მამალზე. გალო ნახევრამდეა შემოსილი. აქვს მასიური ნისკარტი და მოკლე სოლისებური კუდი. **ზრდასრული:** კუდი თეთრია. გუგა ყვითელია. **წლევანდულა:** სხეული უფრო მუქია. ფრთის ქვედა მხარეზე ილიის ბუმბულები ღია ფერისაა. მუქი არშიები არტყია კუდისა (საჭის) და მომქნევების თითოეულ ბუმბულს. გუგა მოყავისფრომავია. **მსგავსი სახეობები:** ზრდასრული სხვა არწივებისაგან განსხვავდება თეთრი კუდით. წლევანდულები და ახალგაზრდები კი – ღია ფერის ილიებით. **ქცევა:** ხშირად გვხვდება ტბებისა და მდინარეების თავზე. ბუდობს ცალკეულ წყვილებად. **ადგილსამყოფელო:** მეჩხერ ტყიანი ჭაობები, დიდი ტბები, ზღვის სანაპიროები და ჭალები. **საკვები**: მცირე და საშუალო ზომის ცხოველები, თევზი, ლეში. **ბუდე**: ბალახითა და ხავსით ამოფენილი ტოტების დიდი გროვა ხეზე ან კლდის ქიმზე. **კვერცხები**: 1-4, 75 მმ. **კვერცხების დება**: თებერვლის ბოლო. **კრუხობა**: 34-46 დღე. **მართვეს ბუდეში ყოფნის პერიოდი**: 70-75 დღე. **გამრავლების დაწყების ასაკი**: 5 ან 6 წელი.

SPEC 1

IUCN Europe: R

Trend in Georgia: -

1. Ad. pale head and breast, white tail, overall dark underwing and lower body.

2. Note long fingers and broad wings. Rather short tail completely white. Long neck.

3. Subad. variable, mottled below with paler belly and irregular tail pattern.

4. Subad. mottled above. Back and mantle can be quite pale contrasting dark head.

5. Juv. overall dark with pale bands across underwing. Dark tail flashes pale windows when against the sky.

6. Juv. Note dark edges to flight and tail feathers. Long neck.

PALLAS'S FISH EAGLE
ᲒᲠᲫᲔᲚᲙᲣᲓᲐ ᲤᲡᲝᲕᲘ
Haliaeetus leucoryphus

Length: 76-84 cm. **Wingspan**: 200-250 cm. **Weight**: 2100-3500 g.
Rare vagrant to Georgia. Large. Female is 15% larger than male. Long-tailed, with distinct white central band in adults. Tail is squarish when perched, extending well-beyond primary tips. Tarsus is half-feathered. **ADULT**: Pale head and upper-breast gradually blend to buff and rusty breast, and brown lower body. Long dark tail shows a broad white central band. **SUBADULT**: Pale coverts and body below contrasting dark flight-feathers. Primary bases paler. Tail pattern intermediate between adult and juvenile. **JUVENILE**: Gray-brown above with distinct dark 'mask' across eyes. In flight, underwing dark with pale bands across coverts and a large pale 'window' across primaries. Tail dark. **CONFUSING SPECIES**: Both the tail pattern of adults and the pale 'window' of juvenile wings may recall features on juvenile Golden Eagle. Differs from White-tailed Eagle by longer tail, smaller head and bill, and slimmer body. **BEHAVIOR**: Flight typically faster and lighter than White-tailed Eagle. May pursue other eagles and Osprey to steal food. **HABITAT**: Large lakes, seaside, rivers, wetlands, ponds. **FOOD**: Small and medium-sized animals, fish, and carrion.

სს: 76-84 სმ. **ფშ:** 200-250 სმ. **წ:** 2100-3500 გ.
საქართველოში შემთხვევით შემომფრენია. დედალი მამალზე დიდია. აქვს ღია ფერის თავი და მკერდი, აგრეთვე კონტრასტული შავი არშია თეთრ კუდზე. გალო არის ნახევრად შებუმბლული. **ზრდასრული:** ღია ფერის თავი გადადის შედარებით მუქ მკერდში. მუცელი და გვერდები აქვს მუქი ყავისფერი. გრძელი კუდი არის შავი, შუაში კონტრასტული თეთრი განივი ზოლით. **ახალგაზრდა:** ღია ფერის ფრთის ქვემო მფარავები, კონტრასტულად მუქი მომქნევები, ღია ფერის პირველადი მომქნევების ძირები. კუდი წლევანდულასა და ზრდასრულს შორის გარდამავალი. **წლევანდულა:** მურა შეფერილობის, ზედა მხრიდან გამოკვეთილი შავი "ნიღბით" თვალების გარშემო. გაფრენილი, ქვედა მფარავები მუქი ღია ფერის ზოლებით. პირველადი მომქნევების ძირები და შუა ნაწილი ღია ფერის. კუდი მუქი. **მსგავსი სახეობები:** თეთრკუდა ფსოვისაგან განსხვავდება პატარა თავითა და ნისკარტით. ჰგავს მთის არწივს, კუდზე თეთრი ზოლით. **ქცევა:** ფრენა უფრო სწრაფი და მსუბუქი, ვიდრე თეთრკუდა ფსოვს. ხშირად დასდევს შაკებს და სხვა მტაცებლებს საკვების წასართმევად. **ადგილსამყოფელო:** დიდი ტბები და მდინარეები, ზღვის სანაპირო, საგუბრები და სხვა წყალსატევები. **საკვები:** მცირე და საშუალო ზომის ცხოველები, თევზი, ლეში.

SPEC: -

IUCN global: VU

Trend in Georgia: ?

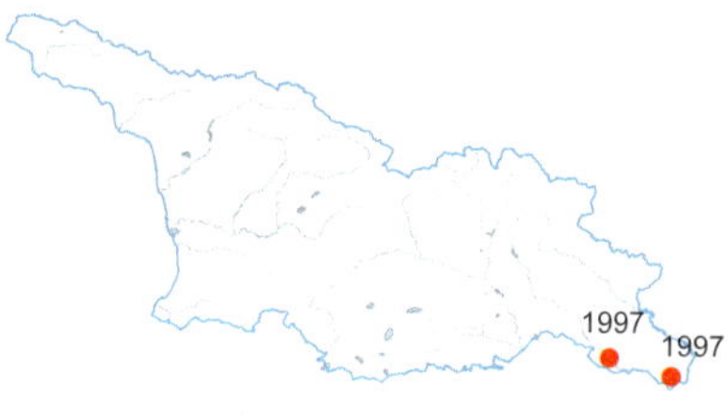

1. Ad. below, pale head and white central tail band contrast dark body. Head and upper-breast may appear buff or pinkish. Note long neck and smallish head.

2. Ad. above, dark overall with contrasting head and tail.

3. Subad. below, pale body and coverts contrast dark flight-feathers. May show pale "window" at primary base.

4. Juv. below, dark with pale bands across coverts and pale "window" at primary base. Note dark tail.

5. Juv. above, plain brownish overall. Separate from White-tailed Eagle by longer tail.

OSPREY
შაკი
Pandion haliaetus haliaetus

Length: 55-58 cm. **Wingspan**: 145-170 cm. **Weight**: 1120-2050 g.
Medium-sized. Female is 5-10% larger than male. Long black stripe runs across eye towards nape. Belly and throat are white. Tarsus is not feathered. In flight shows dark carpal patch. **ADULT**: Darker than juvenile. Back, mantle, and upperwings uniformly dark brown. Iris is yellow. **JUVENILE**: Dark above with light feather-tips on back, mantle, and coverts. Iris is yellow-brown or orange. **CONFUSING SPECIES**: Differs from Short-toed Snake-eagle by narrower wings and dark carpal patch. **BEHAVIOR**: Slender and angled wings in flight reminiscent of a large gull. Often hovers above water, beating large wings heavily and jerkily before dropping feet first after fish, at times submerging completely below water surface. **HABITAT**: Large deep rivers, lakes, and seaside near woodlands. Seen elsewhere on migration. **FOOD**: Fish, rarely amphibians. In order to catch its slippery prey, the Osprey has developed the unique capacity of reversing the outer toe for a tighter grasp. In addition, the feet are covered below with spiny plates to ensure gripping.

სს: 55-58 სმ. **ფშ**: 145-170 სმ. **წ**: 1120-2050 გ.
გალო არაა შემოსილი. ზომით დედალი 5-10%-ით დიდია მამალზე. მუცელი თეთრია. თვალზე გადის გრძელი შავი ზოლი. ფრთის კუთხის ლაქა შავია. **ზრდასრული**: უფრო მუქია ვიდრე წლევანდულა. გუგა ყვითელია. **წლევანდულა**: ზემოდან მუქია, ბუმბულის წვერები თეთრი. ქვემოდან ღია ფერისაა და ფრთის არშია თეთრია. გუგა მოყვითალო-ყავისფერი ან სტაფილოსფერია. **მსგავსი სახეობები:** გველიჭამიასგან განსხვავდება გრძელი ვიწრო ფრთითა და მასზე არსებული ფრთის კუთხის ლაქით. **ქცევა:** ფრენისას თოლიას მოგვაგონებს. ხშირად ეკიდება ჰაერში. ჰაერიდან სწრაფად ეშვება წყალში და თევზს იჭერს ბრჭყალებით. ხშირად შეიძლება შაკის ნახვა ფრენისას თევზით ბრჭყალებში. სეზონური გადაფრენის დროს გვხვდება ერთეულების სახით. **ადგილსამყოფელო:** წყალუხვი მდორე მდინარეები, ღრმა ტბები და ზღვის სანაპიროები ტყეში ან ტყის მახლობლად. გხვდება სხვა ადგილებშიც სეზონური გადაფრენისას. **საკვები**: თევზები, იშვიათად ბაყაყები.

SPEC 3

IUCN Europe: R

Trend in Georgia: ?

1. Soars and glides on flatly held wings with noticeable bend at carpal.

2. Catches fish by plunging feet first into water. Can often be seen flying with fish on talons, even during migration. Ad. uniformly dark-brown above.

3. Pale beneath with contrasting dark carpal patches and wing tips. Note dark eye-stripe, and long slender wings with sparse barring. Ad. below, generally cleaner white with darker flight-feathers. Glides with carpal held forward.

4. Juv. dark above with light feather tips to back, mantle, and coverts. Note pale head above in all ages.

5. Juv. overall paler flight-feathers below, with light trailing-edge to wings and tail.

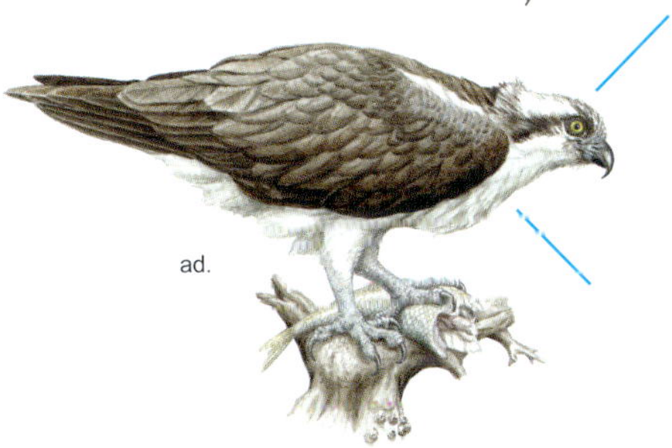

SHORT-TOED SNAKE-EAGLE
გველიჭამია (ძერაბოტი)
Circaetus gallicus gallicus

Length: 62-67 cm. **Wingspan**: 185-195 cm. **Weight**: 1180-2324 g.
Population: 15-25 pairs
Medium-sized. Female is slightly larger than male. Two distinct races possible: pale and dark, with varying intermediates. Head and breast of darker birds contrast with barred white belly. Has 3-4 distinct bands on tail. Tarsus is not feathered. Iris is yellow. **CONFUSING SPECIES:** Larger than Osprey and pale Honey-buzzard, with no carpal patch. **BEHAVIOR**: Often hunts in hot sunny weather, typically hovering. Both solitary and gregarious on migration. Breeding pairs are solitary. **HABITAT:** Arid woodlands, steppe, semi-desert, and semi-savannahs. Seen elsewhere on migration. **FOOD**: Snakes and other reptiles. **NEST**: Small pile of twigs and branches lined with green vegetation in tree. **EGGS**: 1, 74-mm. **EGG LAYING**: End of April. **INCUBATION**: 45-47 days. **FLEDGING**: 70-75 days. **MATURITY**: 3-4 years old.

სს: 62-67 სმ. **ფშ**: 185-195 სმ. **წ**: 1180-2324 გ.
რიცხოვნობა: 15-25 წყვილი
ზომით დედალი ცოტათი დიდია მამალზე. გალო არაა შემოსილი. კუდზე აქვს 3-4 მკვეთრად გამოხატული ზოლი. გვხვდება ორი რასა – ნათელი და მუქი. მუქი რასის თავი და მკერდის ნაწილი მუქია და მკვეთრად ემიჯნება მუქ ლაქებიან თეთრ მუცელს. გუგა ყვითელია. **მსგავსი სახეობები:** შაკისგან და ღია ფერის კრაზანაჭამიასგან განსხვავებით დიდი ზომისაა და არ აქვს ფრთის კუთხის ლაქა. **ქცევა:** ნადირობს უფრო ცხელ, მზიან ამინდში. ხშირად ეკიდება ჰაერში. ფრენისას ხშირად მოსჩანს ნახევრად გადაყლაპული გველის ნაწილი. სეზონური გადაფრენის დროს გვხვდება როგორც გუნდებად, ისე ერთეულების სახით. ბუდობს ცალკეულ წყვილებად. **ადგილსამყოფელო:** მშრალი, ნათელი ტყეები, სტეპები და ნახევარუდაბნოები. გვხვდება სხვა ადგილებშიც სეზონური გადაფრენისას. **საკვები**: გველები და სხვა ქვეწარმავლები. **ბუდე**: მწვანე მცენარეულობით ამოფენილი პატარა ტოტების გროვა ხეზე. **კვერცხები**: 1, 74 მმ. **კვერცხების დება**: აპრილის ბოლო. **კრუხობა**: 45-47 დღე. **მართვეს ბუდეში ყოფნის პერიოდი**: 70-75 დღე. **გამრავლების დაწყების ასაკი**: 3-4 წელი.

SPEC 3

IUCN Europe: R

Trend in Georgia: 0

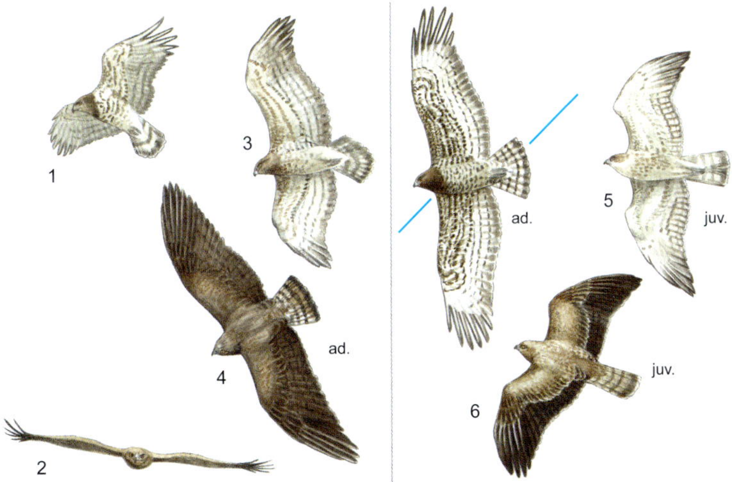

1. Hovers with ease when hunting. Comp. Osprey (jerkier hover over water).

2. Soars on flat level wings. (Hands slightly drooped when gliding).

3. Intensity of barring and head variable. Note lack of carpal patch and overall light wing tips. Younger birds tend to be lightly marked below.

4. Uniformly brown with a pale-based barred tail

5. Gliding, wrists pushed forward at sharp angle. Juvs. can be all pale yet darker head always visible.

6. Juv. Lighter mantle and scapulars contrasting dark flight feathers.

7. Dark birds may have heavily streaked breast. Large crop capacity aids in transportation of prey from hunting site to a safer location.

8. Often flies off with partially digested snake trailing from gape.

BOOTED EAGLE
ჩია არწივი
Hieraaetus pennatus

Length: 43-53 cm. **Wingspan**: 100-121 cm. **Weight**: 510-1250 g.
Population: 70-150 pairs
Small. Female is 10% larger than male. There are two races: pale and dark. Flight-feathers on pale race are black while rest of wing is white or tawny. Dark race has brown or blackish underwing and body, and a pale brown tail. Scapulars and upper-wing coverts are pale in all plumages, and inner primary flight-feathers are paler in good light. A white patch often found at leading-edge of wing base, and may be visible in flight from a distance. Base of tail is pale. Tarsus is feathered. **ADULT**: Iris is dark yellow, orange-brown, or red-brown. **JUVENILE**: Iris is dark brown. **CONFUSING SPECIES**: See Black Kite, Western Marsh Harrier, and Common Buzzard. Honey-buzzards may display patches at the leading-edge of wing base. **BEHAVIOR**: Swoops and strikes prey both in air and on ground. Breeding pairs are solitary. **HABITAT**: Sparsely wooded rugged areas. Avoids areas above tree line. Seen elsewhere on migration. **FOOD**: Birds, small mammals, reptiles, insects. **NEST**: Pile of twigs lined with foliage in tree or power construction. **EGGS**: 2, 55-mm. **EGG LAYING**: End of April. **INCUBATION**: 36-38 days. **FLEDGING**: 50-55 days. **MATURITY**: Unknown.

სს: 43-53 სმ. **ფშ**: 100-121 სმ. **წ**: 510-1250 გ.
რიცხოვნობა: 70-150 წყვილი
დედალი დიდია მამალზე. გალო შემოსილია თითებამდე. მხარზე აქვს პატარა თეთრი ლაქა. მხრები სხეულის დანარჩენ ნაწილთან შედარებით ღია ფერისაა. მეორადი მომქნევების მოსაზღვრე პირველადი მომქნევები ღია ფერისაა. კუდის ძირი მოთეთროა. გვხვდება ორი რასა – ნათელი და მუქი. ნათელი რასის შავი მომქნევები მკვეთრად ემიჯნებიან ფრთის დანარჩენ თეთრ ნაწილს; კუდი ბოლოვდება ფართო მუქი კიდით. **ზრდასრული:** გუგა არის მუქი ყვითელი, მოყავისფრო ან მოწითალო-ყავისფერი. **წლევანდულა**: გუგა მუქი ყავისფერია. **მსგავსი სახეობები:** ძერა, ჭაობის ძელქორი და ჩვ. კაკაჩა. **ქცევა:** გვხვდება ერთეულებად. ბუდობს ცალკეულ წყვილებად. **ადგილსამყოფელო:** ტყით დაფარული კლდოვანი გორაკები და მზიანი ხეობები. ერიდება ვაკე ბარს და ალპურ თოვლიან ადგილებს. **საკვები**: ფრინველები, მცირე ზომის ძუძუმწოვრები, ქვეწარმავლები, მწერები. **ბუდე**: მწვანე მცენარეულობით ამოფენილი ტოტების გროვა ხეზე. **კვერცხები**: 2, 55 მმ. **კვერცხების დება**: აპრილის ბოლო. **კრუხობა**: 36-38 დღე. **მართვეს ბუდეში ყოფნის პერიოდი**: 50-55 დღე. **გამრავლების დაწყების ასაკი**: უცნობია.

SPEC 3

IUCN Europe: R

Trend in Georgia: ?

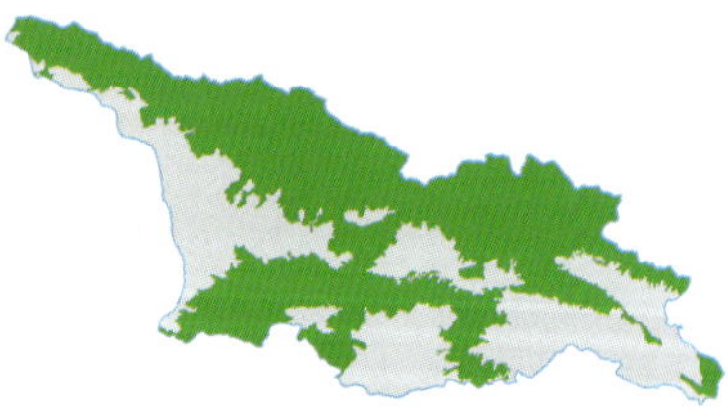

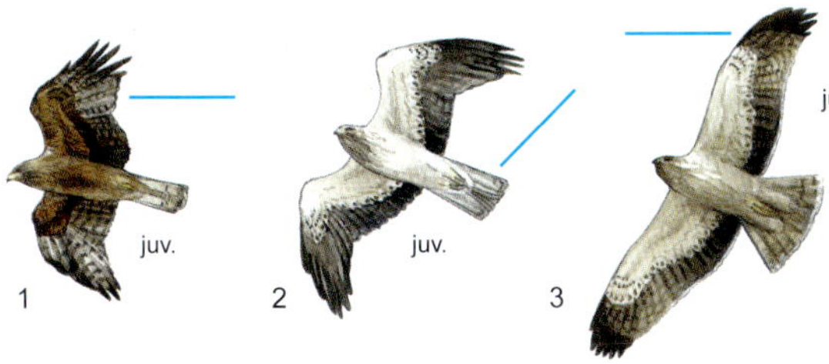

1. Dark juv. may be blackish or reddish overall. Inner primaries paler, often with darker wing-tips. Tail is pale brown, lighter towards base. When tail is folded, a diffuse terminal band may form.

2. Pale juv. may be nearly all-white below with dark flight-feathers. Note darker head and neck. Tail is squarish, even when fanned. Glides with wings sharply bent at the carpal.

3. Fresh juvs. show pale trailing-edge to wings and tail. Markings on underwing and body variable. Note compact form, buzzard-like. Flight slow and heavy, eagle-like.

4. Head-on, compact with a wide broom. Pale spots at leading-edge of wing base often visible.

5. Soars with a broad hand unlike buzzards. Ads. more evenly broad-winged comp. to juvs.

6. Brown above with broad pale patch across coverts, and pale scapulars and tail-base. The pale spots at leading-edge of wing base may be seen from above, and are sometimes visible on perched birds.

BONELLI'S EAGLE
ქორისებრი არწივი
Hieraaetus fasciatus

Length: 60-72 cm. **Wingspan**: 155-165 cm. **Weight**: 1200-2500 g.
Rare vagrant to Georgia. Distinct plumage and silhouette unique. Medium-sized powerful eagle. Female is 10% larger than male. Long-legged and large-footed appearance when perched. Primary tips fall short of reaching tail-end. Tarsus is feathered. In flight, wing-tips dark on a narrow hand, with splayed primaries relatively short. Broad-winged and long-tailed. **ADULT**: Brown above with a pale mantle, and pale below with streaked breast, flanks, and belly. Leg feathers and undertail typically dark and barred, feathered tarsus pale. Long broad tail shows a wide dark terminal band. Grayish wings below show dark trailing-edge and dark across coverts, contrasting the pale streaked body. **JUVENILE**: Tawny to pale-rufous below and brown above. Lacks dark terminal band and trailing-edge of adults. Coverts below are pale overall, but may be dark-edged, at times forming carpal arches. **CONFUSING SPECIES**: Distinct adult plumage makes it difficult to confuse with other raptors, but the long tail and relatively short fingers on a narrow hand may imply a Honey-buzzard-like silhouette. Juvenile plumage in flight may recall Booted Eagle, but the silhouette is very different. **BEHAVIOR**: Glides with slightly arched wings bent back angularly at carpal, creating a rather straight trailing-edge. **HABITAT**: Wooded hillsides, mountains, open pastures. **FOOD**: Medium-sized mammal and birds.

სს: 60-72. **ფშ:** 155-165 სმ. **წ:** 1200 - 2500 გ.
საქართველოში შემთხვევით შემომფრენია. გალო შებუმბლულია. ფრთები დაკეცილ მდგომარეობაში მოკლეა და არ სწვდება კუდის ბოლოს. ფრენისას, ფართო ფრთები და გრძელი კუდი. **ზრდასრული:** ზემოდან მოყავისფრო ღია ფერის. ქვემოდან ტანი და ფრთის მფარავები ღიაა. დაწინწკლული მკერდი, მუცელი და გვერდები. ფეხის ბუმბულები და კუდქვეშა ბუმბულები მუქი ფერის, განივი ზოლებით. გალოს ბუმბულები ღია. ფართო და რძელ კუდზე აქვს სქელი შავი არშია. მუქი ფერის ფრთის ქვედა მფარავები კონტრასტულია ღია ტანთან შედარებით. **წლევანდულა:** ქვემოდან მოჟანგისფრო ან მოაგურისფრო. ზემოდან მოყავისფრო. არ აქვს ზრდასრულისთვის დამახასიათებელი კუდის და ფრთების მუქი არშია. **მსგავსი სახეობები:** სილუეტით შეიძლება კრაზანაჭამიას მივამსგავსოთ. წლევანდულები შეფერილობით ემსგავსებიან ჩია არწივს, მაგრამ სილუეტი მკვეთრად განსხვავდება. **ადგილსამყოფელო:** მშრალი და ღია გორაკ ბორცვიანი ლანდშაფტი, მინდვრები, საძოვრები. **საკვები:** საშუალო ზომის ცხოველები.

SPEC 3

IUCN Europe: EN

Trend in Georgia: ?

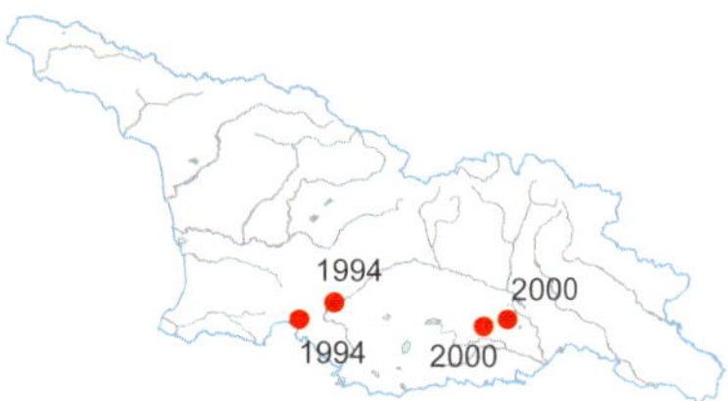

1. Ad. unique pattern below of pale body contrasting darker wings. Variable, most birds showing dark band across edge of pale coverts while some show all-dark coverts. Body pale with dark streaks and darker undertail coverts. Gray flight-feathers and tail with dark trailing-edge and terminal band; may appear overall dark. Primary base paler at all ages.

2. Trans. birds may be rather pale or dark, with variable molt, and incomplete trailing-edge and terminal band.

3. Glides with slight arch. Note marked carpal bend and long squarish folded tail.

4. Ad. brown above with pale mantle. Broad gray tail with dark terminal band.

5. Juv. variable, most tawny below but may be darker or nearly white. Grayish flight-feathers densely barred, with dark-tipped primaries paler at the base. Coverts may be dark-edged, forming a carpal arch or band across wing.

6. Juv. above brown overall with dense barring to flight-feathers and tail. Note broad wings, narrow hand, and large tail.

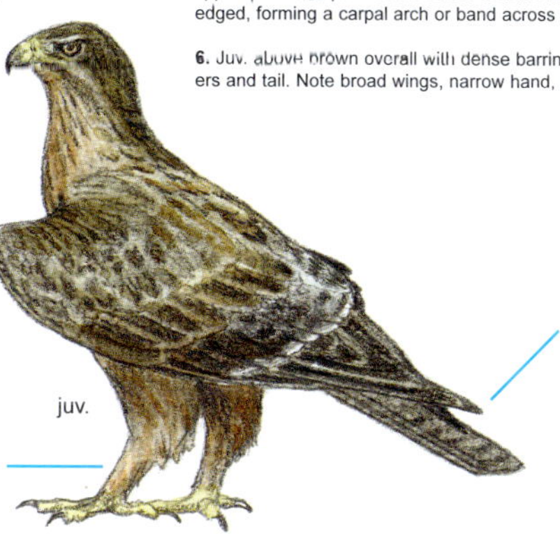

GOLDEN EAGLE
მთის არწივი
Aquila chrysaetos homeyeri

Length: 75-88 cm. **Wingspan**: 204-220 cm. **Weight**: 2900-6000 g.
Population: 30-35 pairs
Large. Crown and rear of neck are golden. Tarsus is feathered. In flight, wing is widest at secondaries. **ADULT MALE**: Brown body has pale irregularity on upper-wing. Iris is dark brown, yellow-brown, or red-brown. **ADULT FEMALE**: 10% larger and 20% heavier than male. Same plumage as male. Iris is dark brown. **JUVENILE**: Has broad white patch on wing and broad black terminal band on white tail. **CONFUSING SPECIES**: See Imperial and Steppe Eagles. **BEHAVIOR:** Mainly solitary, though pairs are often seen together. **HABITAT**: Canyons near or above tree line. **FOOD**: Small to large-sized animals. Carrion. **NEST**: Large pile of twigs and branches lined with grass on cliff, rarely in tree. **EGGS**: 2, 76-mm. **EGG LAYING**: End of February. **INCUBATION**: 43-45 days. **FLEDGING**: 65-80 days. **MATURITY**: 3-4 years old.

სს: 75-88 სმ. **ფშ**: 204-220 სმ. **წ**: 2900-6000 გ.
რიცხოვნობა: 30-35 წყვილი
გალო შემოსილია თითებამდე. თხემი და კისრის უკანა ნაწილი ოქროსფერია. მეორადი მომქნევების მიდამოში ფრთა შესამჩნევად განიერია. **ზრდასრული მამალი:** ზედა მხარეზე ფრთის ნაწილი მკრთალია, სხეულის დანარჩენი ნაწილი მურაა. გუგა არის წაბლისფერი, მოყვითალო-ყავისფერი ან მოწითალო-ყავისფერი. **ზრდასრული დედალი:** ზომით 10%-ით დიდია და 20%-ით მძიმეა მამალზე. სხეული იგივე ფერისაა რაც მამლის. გუგა მუქი ყავისფერია. **წლევანდულა:** აქვს დიდი თეთრი ლაქა ფრთის ქვედა მხარეზე და განიერი შავი არშია თეთრ კუდზე. **მსგავსი სახეობები:** იხ. ბექობისა და ველის არწივები. **ქცევა:** გვხვდება ერთეულების სახით და არა გუნდებად. ბუდობს ცალკეულ წყვილებად. **ადგილ-სამყოფელო:** კლდოვანი ხრამები და ხეობები, მეტწილად მთის ტყის ზედა საზღვრის ზევით. **საკვები**: საშუალო და დიდი ზომის ძუძუმწოვრები, ფრინველები, ქვეწარმავლები და ლეში. **ბუდე**: ბალახით ან სხვა მწვანე მასით ამოფენილი ტოტების დიდი გროვა კლდეზე, იშვიათად ხეზე. **კვერცხები**: 2, 76 მმ. **კვერცხების დება**: თებერვლის ბოლო. **კრუხობა**: 43-45 დღე. **მართვეს ბუდეში ყოფნის პერიოდი**: 65-80 დღე. **გამრავლების დაწყების ასაკი**: 3-4 წელი.

SPEC 3

IUCN Europe: R

Trend in Georgia: 0

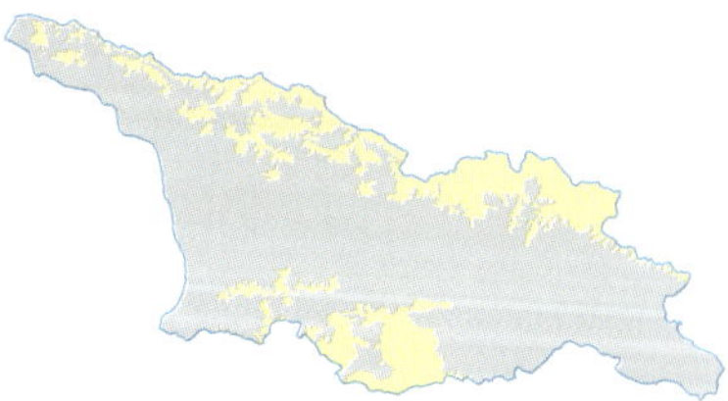

1. Ad. dark with golden tones visible in good light.

2. Note golden head. Pale irregularity across dark coverts visible. Comp. subadult Imperial Eagle.

3. Often soars with wings held in a V. May glide with a drooped hand.

4. Note narrow wing base and hand on all plumages. Comp. long tail to Imperial. Subadult mottled, appearing dark with gray tail base.

5. Juv. variant extreme, some birds may lack white wing patches!

6. Juvs. may appear all dark above, compare with Imperial adult.

7. 1st year juv. White wing patches and tail base. Note forward thrust of wing when soaring, comp. Imperial.

8. Juv. white wing patches variable.

IMPERIAL EAGLE (EASTERN IMPERIAL EAGLE)
ბექობის არწივი
Aquila heliaca

Length: 72-83 cm. **Wingspan**: 190-210 cm. **Weight**: 2410-4530 g.
Population: 10-15 pairs
Large. Female is 10% larger than male. Tarsus is feathered. **ADULT**: Crown and rear of neck are pale yellowish. Crown contrasts with brown forehead. Has white patches on scapulars. Tail above is pale gray with dark broad terminal band. Iris is yellow-gray or orange-brown. **JUVENILE**: Yellow-brown body is covered with dark streaks. Inner primary flight-feathers are pale. Iris is gray. **CONFUSING SPECIES**: Differs from Golden Eagle by wing attitude. Adult differs from adult Golden Eagle by white patches on scapulars. Juvenile differs from juvenile Steppe Eagle by lack of central broad white band across underwing. **BEHAVIOR**: Solitary rather than gregarious on migration. Breeding pairs are solitary. **HABITAT**: Arid woodlands, lowland steppe, semi-desert near riparian forests. Seen elsewhere on migration. **FOOD**: Small and medium-size animals. Carrion; more of a carrion-eater than Golden Eagle. **NEST**: Large pile of twigs and branches lined with green vegetation in tree or power construction. **EGGS**: 2-3, 73-mm. **EGG LAYING**: End of March. **INCUBATION**: 43 days. **FLEDGING**: 63-77 days. **MATURITY**: 3-4 years old.

სს: 72-83 სმ. **ფშ**: 190-210 სმ. **წ**: 2410-4530 გ.
რიცხოვნობა: 10-15 წყვილი
დედალი 10%-ით დიდია მამალზე. გალო შემოსილია თითებამდე. **ზრდასრული:** მხარზე აქვს თეთრი ლაქა. თხემი და კისრის უკანა ნაწილი მოყვითალოა. კუდის ზედა მხარე ღია-ნაცრისფერია სუსტად გამოხატული განივი ლაქებითა და განიერი მუქი არშიით. გუგა არის მოყვითალო-ნაცრისფერი ან მოყავისფრო. **წლევანდულა:** მოყვითალო-ყანგისფერი სხეული დაფარულია მუქი ღერძულა ზოლებით. მეორადი მომქნევების მოსაზღვრე პირველადი მომქნევები ღია ფერისაა. გუგა ნაცრისფერია. **მსგავსი სახეობები:** ფრენის ტიპის განივი ჭრილი, მუქი ზურგის მხარე და მხრის თეთრი ლაქა განასხვავებს მას მთის არწივისგან. **ქცევა:** სეზონური გადაფრენის დროს გვხვდება უფრო ერთეულებად. ბუდობს ცალკეულ წყვილებად. **ადგილსამყოფელო:** მშრალი ნათელი ტყეები. ბარის სტეპები და ნახევარუდაბნოები, ჭალების ან მეჩხერი ტყის მახლობლად. **საკვები:** მცირე და საშუალო ზომის ცხოველები. **ბუდე**: მწვანე მასით შევსებული ტოტების დიდი გროვა ხეზე ან ბუჩქზე. **კვერცხები**: 2-3, 73 მმ. **კვერცხების დება**: მარტის ბოლო. **კრუხობა**: 43 დღე. **მართვეს ბუდეში ყოფნის პერიოდი**: 63-77 დღე. **გამრავლების დაწყების ასაკი**: 3-4 წელი.

SPEC 1

IUCN Europe: R

Trend in Georgia: -

1. Ads. against bright sky appear completely black with pale head.

2. Comp. rectangular wings and squarish hand to Golden Eagle. Tail proportion short in all plumages.

3. Ad. dark above with pale head and irregular white patch on scapulars. Note gray tail base and dark band.

4. Subad. very mottled beneath.

5. Subad. pale head and light streaking to wing coverts and scapulars. Comp Golden.

6. Often soars on flattish wings. May glide with a drooping hand.

7. Imm. pale head and lower body contrast streaked breast and coverts.

8. Imm. heavily streaked above, pale covert-bands may be worn.

9. Juv. pale coverts and body contrast darker flight feathers and tail. Paler inner primaries. Light trailing edge to wings and tail.

10. Juv. shows light bands above wing with streaked coverts and mantle. Note pale rump and dark tail. Comp. Steppe Eagle.

The nest of Imperial Eagles is a large pile of twigs and branches in a tree or power construction. A colony of tiny Spanish Sparrows (*Paser hispaniolensis*) uses the branches to hang their own woven nests.

ბექობის არწივის ბუდე წარმოადგენს ტოტების დიდ გროვას, რომელიც მოთავსებულია ხეზე ან ელექტროგადამცემი ხაზების კონსტრუქციაზე. ხშირად, პატარა შავგულა ბელურების (*Paser hispaniolensis*) კოლონია ბექობის არწივის ბუდეს იყენებს ნაქსოვი ბუდეების ასაშენებლად.

Two immature Imperial Eagles in the lowland steppe of southeast Georgia. The wing coverts are worn, with indistinct pale tips to greater coverts and flight-feathers.

ორი მოზარდი ბექობის არწივი აღმოსავლეთ საქართველოს სავანოიდურ ლანდშაფტში. ფრთის მფარავები გახუნებულია და თეთრი ფრთის წვერები არ არის კარგად გამოკვეთილი.

Immature Golden Eagles feeding near tree line. Hooded Crows harass them for an opportunity to eat. Immature birds resemble juveniles yet they show worn and paler wing coverts. The immature tail is variable, intermediate-ly mottled between the white and black juvenile pattern, and the dark subadult tail.

მოზარდი მთის არწივები იკვებებიან ტყის პირას. რუხი ყვავები ხშირად აწუხებენ არწივებს, რომ მიეცეთ საკვებთან მისვლის შესაძლებლობა. მოზარდ ფრინველებს შემორჩენილი აქვთ ღია ფერის გახუნებული ბუმბულები ფრთის მფარავებზე. მოზარდების კუდი ცვალებადი შეფერილობისაა - თეთრი მუქი ლაქებით, ან თითქმის რუხი

STEPPE EAGLE
ველის არწივი
Aquila nipalensis orientalis

Length: 65-77 cm. **Wingspan**: 174-200 cm. **Weight**: 1570-4000 g.
Large. Female is 15% larger and heavier than male. Dark overall. Yellow mouth-line runs beyond eye. Tarsus is feathered. Iris is brown, rarely yellow-brown. **ADULT**: Body is overall dark with paler nape and barred flight-feathers and tail. In flight, trailing-edge of wing is dark and carpal patch is blackish. **JUVENILE**: Upperparts and body warm brown to blackish. In flight, white band runs across mid-upperwing and underwing. Trailing-edge of wing is white. Terminal band is pale. **CONFUSING SPECIES**: Differs from 'Spotted' eagles by bigger bill, longer mouth-line, and central broad white band across underwing (latter is on juvenile). In adult and subadult plumage may be very difficult to separate from 'Spotted' eagles. Differs from Golden and Imperial Eagles by darker head. **BEHAVIOR**: Often perches and walks on ground. Seen in flocks with other raptors on migration. Breeding pairs are solitary. **HABITAT**: Vast open areas, both lowland and mountain steppes. Seen elsewhere on migration. **FOOD**: Small animals.

a b c d e

სს: 65-77 სმ. **ფშ**: 174-200 სმ. **წ**: 1570-4000 გ.
დედალი დიდია მამალზე. გალო შემოსილია თითებამდე. ყვითელი პირის ჭრილი სცილდება თვალის უკანა კიდეს. გუგა ჩვეულებრივ ყავისფერია. **ზრდასრული:** სხეული მთლიანად მუქია ღია ფერის კეფითა და მრავალრიცხოვანი მოკლე განივი ლაქებით კუდზე და მომქნევებზე. ფრთის კუთხის ლაქა მოშავოა. ფრთის უკანა კიდე მუქია. **წლევანდულა:** ფრთის ზედა მხარეზე აქვს ორი ვიწრო მოთეთრო ზოლი – ერთი უკანა კიდეზე და მეორე შუაზე. ფრთის ქვედა მხარეზე გადის განიერი ცენტრალური მოთეთრო ზოლი. კუდის კიდე ღია ფერისაა. **მსგავსი სახეობები:** მთისა და ბექობის არწივებისაგან განსხვავდება უფრო მუქი თავით. მყივანი არწივებისაგან – დიდი ნისკარტით და ფრთის განიერი ცენტრალური მოთეთრო ზოლით. **ქცევა:** ხშირად ზის და დადის მიწაზე. ბუდობს ცალკეულ წყვილებად. **ადგილსამყოფელო:** მინდვრები, ბარის და მთის სტეპები. **საკვები**: მცირე ზომის ცხოველები.

SPEC 3

IUCN Europe: EN

Trend in Georgia: ?

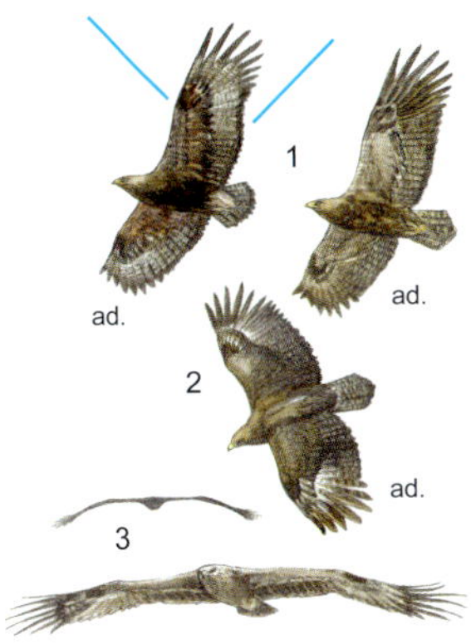

1. Ad. variable, dark overall yet some birds paler, Lesser Spotted-like. Note broad hand and faint barring to flight-feathers.

2. Ad. dark above with pale bases to primaries.

3. Glides with markedly arched wings, a drooping hand with wide broom.

4. Subad. may show faint underwing band and carpal arches.

5. Subad. worn upper coverts appear heavily spotted, like Greater Spotted Eagle.

6. Juv. broad pale band across underwing distinctive. Warm-brown coverts and body.

7. Pale trailing edge to wings and tail. Pale band across upper coverts.

a. Long-tailed Buzzard for bill comparison.

b. Lesser Spotted Eagle, heavier bill than buzzards. When head ruffled may appear buzzard-like. Adults have clearly pale iris, even at a distance.

c. Greater Spotted Eagle, heavier bill than Lesser. The rounded nostrils of both spotted eagles may appear oval, depending on the angle and the light. Generally dark iris, though older birds may show paler coloring.

d. Steppe Eagle, heavy bill-base with long mouth-line. Bill may appear smaller and *spotted*-like when head ruffled. Nostrils slit-like, lacking roundness of spotted eagles.

e. The nostrils of both spotted eagles are not simple, and their shape may be deceiving depending on angle and light. Care should be taken when using nostrils to identify *Aquila* eagles.

GREATER SPOTTED EAGLE
დიდი მყივანი არწივი (დიდი თეთრლაქებიანი არწივი)
Aquila clanga

Length: 65-72 cm. **Wingspan**: 155-182 cm. **Weight**: 1600-3200 g.
Medium-sized. Female is 20% larger than male. Tarsus is feathered. Iris is brown. In flight, carpal patch has 1 narrow whitish arch. Flight-feathers are paler than rest of wing. **ADULT**: Body is brown with blackish wings and tail. **JUVENILE**: White streaks or 'spots' typically form 2-3 white bands on upperwing. Streaking variable, at times forming extensive white patches on coverts and scapulars. Terminal band and trailing edge of wing are pale. **CONFUSING SPECIES**: Differs from Lesser Spotted Eagle by 1 white arch on carpal, and underwing coverts nearly darker than flight-feathers. Juvenile differs from Juvenile Lesser Spotted Eagle by more distinct white streaks on upperwing. Differs from other eagles by round rather than oval nostrils. Please see chart on '*Aquila*-eagle' head and bill proportions under Steppe Eagle. **BEHAVIOR**: Seen in flocks with other raptors on migration. Breeding pairs are solitary. **HABITAT**: Woodlands near wetland. Seen elsewhere on migration. **FOOD**: Small mammals, birds, and insects.

სს: 65-72 სმ. **ფშ**: 155-182 სმ. **წ**: 1600-3200 გ.
ზომით დედალი 20%-ით დიდია მამალზე. გალო შემოსილია თითებამდე. ფრთის კუთხის ლაქაში არის 1 ვიწრო მოთეთრო რკალი. მომქნევები ფრთის დანარჩენ ნაწილთან შედარებით უფრო ღია ფერისაა. გუგა ყავისფერია. **ზრდასრული:** სხეული მურაა მოშავო ფრთებითა და კუდით. **წლევანდულა:** დიდი თეთრი ლაქები ქმნიან 2-3 თეთრ რიგს ფრთების ზედა მხარეზე. კუდისა და ფრთის უკანა კიდეები ღია ფერისაა. მფარავები მომქნევებზე მუქია. **მსგავსი სახეობები:** მცირე მყივან და ველის არწივებთან შედარებით შესამჩნევად ფართო და თალისებური ფრთები. აგრეთვე, განსხვავდება უფრო ღია ფერის მომქნევებით ფრთის დანარჩენ ნაწილთან შედარებით და ფრთის კუთხის ლაქის ერთი მოთეთრო რკალით. წლევანდულა მცირე მყივანი არწივის წლევანდულისაგან კი – ზურგის მხარეზე უფრო გამოკვეთილი მოთეთრო ლაქებით. **ქცევა:** ლივლივისას წინიდან ფრთის შუა ნაწილი ცოტა მაღლაა მიმართული, "ხელები" დაბლა. სეზონური გადაფრენის დროს გვხვდება გუნდებად სხვა დიდი ზომის მტაცებლებთან ერთად. ბუდობს ცალკეულ წყვილებად. **ადგილსამყოფელო:** შეიძლება შეგვხდეს ყველგან სეზონური გადაფრენისას. **საკვები**: მცირე ზომის ძუძუმწოვრები (ძირითადად მღრნელები), ფრინველები და მწერები.

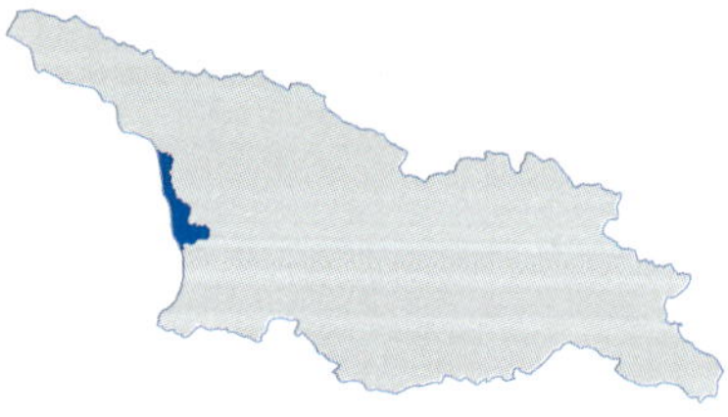

SPEC 1

IUCN Europe: EN

Trend in Georgia: ?

1. Gliding head-on, inner wing slightly raised and hands drooping.

2. Markedly arched wings with wide broom, comp. to Lesser Spotted and Steppe.

3. Ad. dark coverts and single carpal arch. Gliding, appears compact compared to larger Aquila eagles. Note short and squarish tail in all plumages.

4. Adult uniformly dark above. Note pale tail-base on all plumages.

5. Subad. variable, some lacking distinct carpal arch. Spots due to molt give lighter appearance. Seven fingers not always visible on a wheeling soar.

6. Juv. variant, few pale bands to coverts, comp. Lesser Spotted.

7. Juv. coverts darker than flight feathers. Light trailing-edge to wing and tail. Light carpal crescent at base of 7 splayed fingers. Soaring, comp. broad hand to Lesser Spotted.

8. Juv. various pale bands to dark coverts. Light trail to wings and tail.

LESSER SPOTTED EAGLE
მცირე მყივანი არწივი (მცირე თეთრლაქებიანი არწივი)
Aquila pomarina pomarina

Length: 60-65 cm. **Wingspan**: 134-159 cm. **Weight**: 1067-2160 g.
Population: 50-70 pairs
Medium-sized. Female is 10% larger than male. Tarsus is feathered. In flight, carpal patch has 2 narrow whitish arches. Flight-feathers are darker than rest of wing. **ADULT**: In flight, upperwing coverts and mantle may be paler than rest of body. Iris is yellow-brown or yellow. **JUVENILE**: Shows variable pale patch on nape. Small white streaks or 'spots' form 1-2 white stripes on upperwing. Terminal band and trailing-edge of wing are pale. Iris is dark brown. **CONFUSING SPECIES**: Differs from Greater Spotted Eagle by 2 whitish arches on carpal, and underwing coverts lighter than dark flight-feathers. Juvenile differs from Juvenile Greater Spotted Eagle by pale patch on nape and less distinct white streaks on upperwing. Differs from other Eagles by round rather than oval nostrils. Please see chart on '*Aquila*-eagle' head and bill proportions under Steppe Eagle. **BEHAVIOR**: Seen in flocks with other raptors on migration. Breeding pairs are solitary. **HABITAT**: Wooded hills near open areas and wetlands, riparian forests. Seen elsewhere on migration. **FOOD**: Small animals. **NEST**: Pile of twigs and branches in tree. **EGGS**: 2, 64-mm. **EGG LAYING**: Second half of April. **INCUBATION**: 38-41 days. **FLEDGING**: 51-58 days. **MATURITY**: 3-4 years old.

სს: 60-65 სმ. **ფშ**: 134-159 სმ. **წ**: 1067-2160 გ.
რიცხოვნობა: 50-70 წყვილი
გალო შემოსილია თითებამდე. ფრთის კუთხის ლაქაში არის 2 ვიწრო მოთეთრო რკალი. მომქნევები ფრთის დანარჩენ ნაწილთან შედარებით უფრო მუქია. **ზრდასრული:** მხარი ზურგთან შედარებით ღია ფერისაა. გუგა არის მოყვითალო-ყავისფერი ან ყვითელი. **წლევანდულა:** კეფაზე ღია ფერის ლაქაა, პატარა თეთრი ლაქები ქმნიან 1-2 თეთრ რიგს ფრთების ზედა მხარეზე. კუდისა და ფრთის უკანა კიდეები ღია ფერისაა. გუგა მუქი ყავისფერია. **მსგავსი სახეობები:** დიდი მყივანი არწივისგან განსხვავდება უფრო მუქი მომქნევებით ფრთის დანარჩენ ნაწილთან შედარებით და ფრთის კუთხის ლაქის ორი მოთეთრო რკალით. წლევანდულა კი – ზურგის მხარეზე ნაკლებად გამოკვეთილი მოთეთრო ლაქებითა და ღია ფერის ლაქით კეფაზე. **ქცევა:** სეზონური გადაფრენის დროს გვხვდება გუნდებად სხვა მტაცებლებთან ერთად. **ადგილსამყოფელო:** ბარის და მთისწინეთის ტყეები. **საკვები**: მცირე ზომის ცხოველები. **ბუდე**: ტოტების დიდი გროვა ხეზე. **კვერცხები**: 2, 64 მმ. **კვერცხების დება**: აპრილის მეორე ნახევარი. **კრუხობა**: 38-41 დღე. **მართვეს ბუდეში ყოფნის პერიოდი**: 51-58 დღე. **გამრავლების დაწყების ასაკი**: 3-4 წელი.

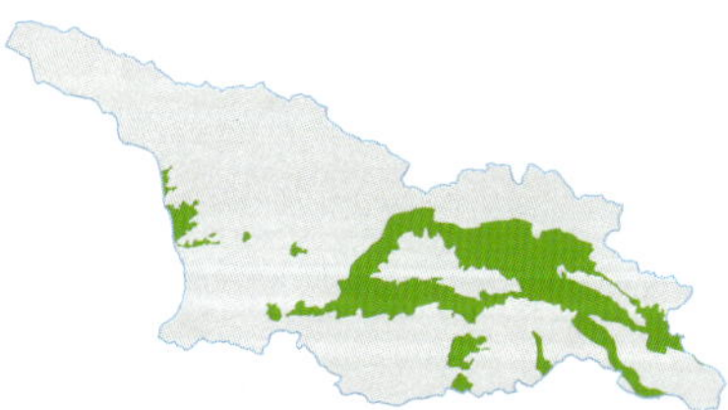

SPEC 2

IUCN Europe: D

Trend in Georgia: +

1.Gliding head-on, inner wing slightly raised and hands drooping shallow.

2. Slightly arched wings with broom narrower than Greater Spotted. Body appears heavy in relation to wings comp. to other Aquila eagles.

3. Ad. soaring, note lighter coverts and 2 carpal arches. Narrow hand comp. to Greater Spotted.

4. Ad. shows distinct carpal patch above. Note short and squarish tail with pale base.

5. Subad. gliding, some birds dark overall. Note compact form, "*Buteo*-like."

6. Subads. plumage variable. Light upper coverts and faint bands. Note light base of fingers visible in all ages.

7. Juv. coverts lighter than flight-feathers. Light trailing-edge to wing and tail. 2 carpal arches at base of 6 splayed fingers. Narrow hand compared to Greater Spotted.

8. Juv. lighter brown coverts, 1 or 2 pale bands abovc.

BLACK KITE
ძერა
Milvus migrans migrans

Length: 55-60 cm. **Wingspan**: 160-180 cm. **Weight**: 630-940 g.
Population: 100-300 pairs
Medium-sized. Female is 5% larger than male. Tail is notched. In flight, primaries are partly pale. **ADULT**: Patch across upper coverts is pale. Iris is pale yellow, gray, or brownish. **JUVENILE**: Has distinct dark streaks on belly and breast. Upperwing coverts are pale tipped, forming fine band in flight. Iris is gray-brown. **CONFUSING SPECIES**: Differs from Booted Eagle by narrower wings and notched tail; from Marsh Harrier by pale upperwing, dark leading-edge of wing, notched tail, and wing attitude. **BEHAVIOR**: Frequently twists and turns tail. Often seen in large numbers at waste dumps. Breeding pairs are solitary, though sometimes nearest neighbor distance is 100-150 meters. **HABITAT**: Deciduous woodlands near open areas and wetlands. Riparian forests. Occurs elsewhere on migration and while wintering. **FOOD**: Small animals and carrion. **NEST**: Pile of twigs, rubbish, and green leaves in deciduous tree. **EGGS**: 2-3, 54-mm. **EGG LAYING**: Second half of April. **INCUBATION**: 26-38 days. **FLEDGING**: 42 days. **MATURITY**: Unknown.

სს: 55-60 სმ. **ფშ**: 160-180 სმ. **წ**: 630-940 გ.
რიცხოვნობა: 100-300 წყვილი
ზომით დედალი 5%-ით დიდია მამალზე. კუდი ამოკვეთილია. პირველადი მომქნევების ნაწილი ღია ფერისაა. **ზრდასრული:** მხარი ღია ფერისაა. გუგა არის მკრთალი ყვითელი, ნაცრისფერი ან ჟანგისფერი. **წლევანდული:** მუქი მოკლე ღერძულა ხაზები მუცლის მხარეზე მკვეთრადაა გამოხატული. გუგა მონაცრისფრო-ყავისფერია. **მსგავსი სახეობები:** ჩია არწივისგან განსხვავდება ვიწრო ფრთებითა და ამოკვეთილი კუდით. ჭაობის ძელქორისგან - ფრთის არაერთფეროვანი ზედა მხრით, ფრთის მუქი წინა კიდით და ამოკვეთილი კუდით. **ქცევა:** ფრენისას ხშირად ამოძრავებს და აბრუნებს კუდს. ხშირად გვხვდება ნაგავსაყრელებზე გუნდებად. ბუდობს ცალკეულ წყვილებად, თუმცა ზოგჯერ ბუდეებს შორის მანძილი 100-150 მეტრია. **ადგილსამყოფელო:** ფართოფოთლოვანი ტყეები მინდვრებისა და ტბების მახლობლად ბარში. ჭალები. გვხვდება სხვა ადგილებშიც სეზონური გადაფრენისას და ზამთრობისას. **საკვები**: მცირე ზომის ცხოველები, მწერები და მძორი (ლეში). **ბუდე**: ნაგვითა და ფოთლებით შევსებული ტოტების გროვა ფართოფოთლოვან ხეზე. **კვერცხები**: 2-3, 54 მმ. **კვერცხების დება**: აპრილის მეორე ნახევარი. **კრუხობა**: 26-38 დღე. **მართვეს ბუდეში ყოფნის პერიოდი**: 42 დღე. **გამრავლების დაწყების ასაკი**: უცნობია.

SPEC 3

IUCN Europe: VU

Trend in Georgia: -

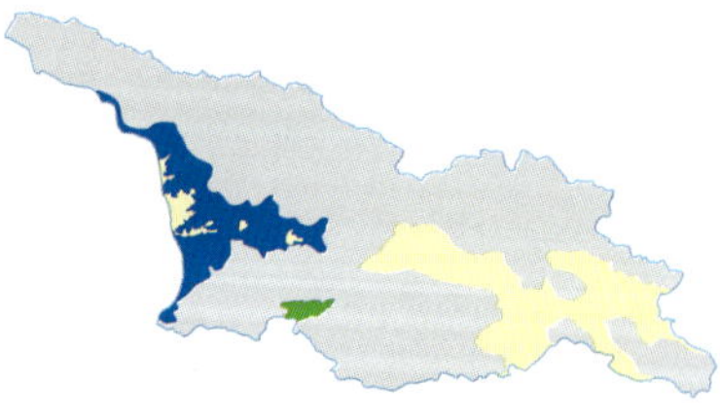

1. Tight kettle of differing plumages and variable wing attitude. Note versatile tail and lack of obvious broom. Active soaring behavior.

2. Tail notched even when folded.

3. Juvs. pale base to primaries compared to more even-toned adults.

4. Dark flight-feathers compared to adult. Fanned tail may seem to lack notch.

5. Long wings slightly arched when gliding. Note overall dark appearance.

RED KITE
ბორა
Milvus milvus

Length: 60-70cm. **Wingspan**: 175-190cm. **Weight**: 900-1300 g
Rare vagrant to Georgia. Extreme care should be taken in identifying this species. Careful attention must be paid to details in plumage and form in order to separate it from much more common and similar Black Kite. Tail has deep fork. In flight, primaries are noticeably pale with dark outer tips, contrasting blackish secondaries. **ADULT**: Pale patch across upper coverts similar to Black Kite. Coverts tend to show a rusty tone lacking in Black Kites but may not be noticeable in flight. Body red-brown below, attaining a deep rusty tone in lower belly and undertail, often appearing dark unless seen in good light. Iris is pale orange, yellow, gray, or brownish. **JUVENILE**: Dark streaked on belly and breast. Upperwing coverts are pale tipped, forming fine band. Iris is gray-brown. **CONFUSING SPECIES**: May be extremely similar to Black Kite, especially juveniles, both species showing lighter primaries contrasting dark secondaries. The tails of Black Kites may appear deceivingly forked, particularly when folded, and may appear as those of Red Kites despite their shorter length. The fanned tails of both kites may lose their notches, seeming plainly triangular. Fanned Black Kite tails against the sky may look rusty in tone at any age, giving the impression of a Red Kite. The form of the wing is slightly longer and narrow-handed in Red Kite, and broader overall in Black Kite. Perched Red Kite is longer tailed, with primary tips falling short of tail-end. Primaries and tail are approximately the same length in Black Kite.

სს: 60-70. **ფშ:** 175-190 სმ. **წ:** 900 - 1300 გ.
შემთხვევითი შემომფრენი. კუდზე აქვს ძალიან ღრმა ამონაკვეთი. ფრენისას პირველადი მომქნევების ძირები, კონტრასტულად თეთრია მუქ წვერებთან შედარებით. აგრეთვე კონტრასტული მუქი მეორადი მომქნევები. **ზრდასრული:** ფრთის ქვედა მფარავებს აქვს მოაგურისფრო ტონი ძერისგან განსხვავებით. ტანი ქვემოდან მოყავისფრო - მოწითალო. მკვეთრი მოაგურისფრო ტონი მუცელზე და კუდქვეშა ბუმბულებზე. გუგა ნარინჯისფერი, ნაცრისფერი, ყვითელი ან მოყავისფრო. **წლევანდულა:** მუქი ხაზები მკერდზე და მუცელზე. ფრთების ზედა მფარავების ბუმბულებს აქვთ თეთრი წვერები, რაც ქმნის ხაზს. **მსგავსი სახეობები:** ძალიან მსგავსია ძერის, განსაკუთრებით წლევანდულა ინდივიდები. ორივე სახეობას აქვს ღია ფერის პირველადი მომქნევების შუა ნაწილი და ძირები კონტრასტულ მუქ მეორად მომქნევებთან შედარებით. ბორას აქვს უფრო ღრმა კუდის ამონაკვეთი. ზემოდან ბორას კუდი არის მოჟანგისფრო, ძერის - მურა. ჯდომისას, ბორას დაკეცილი ფრთები მოკლეა კუდთან შედარებით. ძერასი კი - თითქმის თანაბარია.

SPEC 2

IUCN Europe: D

Trend in Georgia: ?

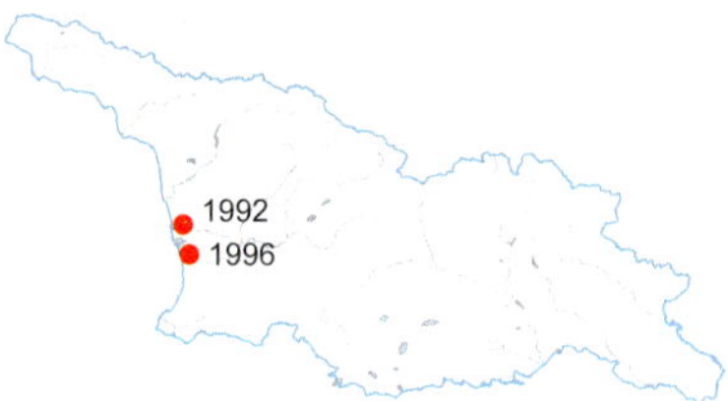

1. Ad. shows red-brown body, turning deep red in lower belly and undertail. Color may appear all-dark against the sky. Distinctly pale primaries contrast dark secondaries, comp. to juv. Black Kite. Folded tail is obviously forked.

2. Ad. shows rusty tones to upper coverts and tail. Note narrow and pointed hand comp. to broad hand of Black Kite.

3. Juv. overall paler body, lacks red tones like Black Kite. Note long forked tail and pointed hand.

4. Juv. above tends to show pale tips to coverts, forming thin band. In good light, tail is clearly rustier than Black Kite.

5. Red Kite: Longer narrow-handed wings, and longer deeper-forked tail.

6. Black Kite: Broad-handed wings and shorter notched tail.

9. Red Kite: In direct comparison, longer wings and distinctly pale primaries.

10. Black Kite: May show pale primaries and rusty tone to tail when against the sky.

7. Red Kite: Primary tips fall short of longer forked tail-tip.

8. Black Kite: Primary tips nearly reach notched tail-tip.

WESTERN MARSH-HARRIER
ჭაობის ძელქორი (ჭაობის ბოლობეჭედა)
Circus aeruginosus aeruginosus

Length: 48-56 cm. **Wingspan**: 115-130 cm. **Weight**: 320-1270 g.
Population: 80-100 pairs
Medium-sized. Tarsus is not feathered. **ADULT MALE**: Red-brown with pale gray flight feathers and blackish wingtips. Iris is yellow. **ADULT FEMALE**: 5-10% larger than male. Body is overall dark brownish. Crown, throat, and leading-edge of wing are whitish. Iris is same as male's. **JUVENILE**: Resembles adult female but is distinctly darker. Iris is dark brown. **CONFUSING SPECIES**: Differs from Black Kite and Booted Eagle by wing attitude. But unlike them, female has no pale scapulars or uppercovert patches. **BEHAVIOR**: Flight is slow, very low over ground. Soars with wings slightly raised typical of harriers, yet cruises along rather patiently, often hanging against the wind in mid-air. Takes prey by surprise. Breeding pairs are both solitary and gregarious. Male is both monogamous and bigamous. **HABITAT**: Wetlands with plenty of reed bed. Seen elsewhere on migration. **FOOD**: Small-sized vertebrates, insects. **NEST**: Pile of reeds in reed bed. **EGGS**: 3-8, 50-mm. **EGG LAYING**: Second half of April. **INCUBATION**: 31-38 days. **FLEDGING**: 35-40 days. **MATURITY**: 2-3 years old.

სს: 48-56 სმ. **ფშ**: 115-130 სმ. **წ**: 320-1270 გ.
რიცხოვნობა: 80-100 წყვილი
გალო არაა შემოსილი. **ზრდასრული მამალი:** მოწითალო-ჟანგისფერია მკრთალი ნაცრისფერი მომქნევებითა და ფრთის შავი წვერებით. გუგა ყვითელია. **ზრდასრული დედალი:** ზომით 5-10%-ით დიდია მამალზე. სხეული მურაა. თხემი, ყელი და ფრთის წინა კიდე მოთეთროა. გუგა იგივე ფერისაა რაც მამლის. **წლევანდულა:** წააგავს დედალს, მაგრამ უფრო მუქია. გუგა მუქი ყავისფერია. **მსგავსი სახეობები:** ძერისაგან და ჩია არწივისგან განსხვავებით, დედალს აქვს მთლიანად მუქი მომქნევები და არ აქვს განიერი ღია ფერის ზოლი ფრთის ზედა მხარეზე. **ქცევა:** დაფრინავს ნელა, დაბალ სიმაღლეზე. მსხვერპლს თავს ესხმის ახლოდან. ბუდობს როგორც ცალკეულ წყვილებად ისე არამყარ კოლონიებად. მამალი არის მონოგამიურიც და ბიგამიურიც. **ადგილსამყოფელო:** ჭაობები, ლერწმიანი ტბები და წყალსაცავები. სეზონური გადაფრენისას გვხვდება სხვა ადგილებშიც. **საკვები**: მცირე ზომის ცხოველები. **ბუდე**: ლერწმის გროვა ჭაობის მცენარეულობაში. **კვერცხები**: 3-8, 50 მმ. **კვერცხების დება**: აპრილის მეორე ნახევარი. **კრუხობა**: 31-38 დღე. **მართვეს ბუდეში ყოფნის პერიოდი**: 35-40 დღე. **გამრავლების დაწყების ასაკი**: 2-3 წელი.

Non-SPEC

IUCN Europe: S

Trend in Georgia: 0

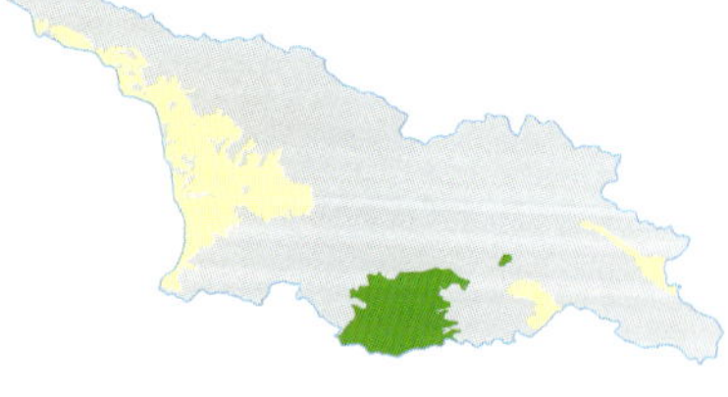

1. Ad. male can be quite pale, at distance resembling Northern Harrier despite different proportions. Note lack of dark trailing-edge.

2. Note typical flight of harriers, wings raised with lowered head scanning for prey.

3. Ad. female dark overall. Note pale coverts.

4. Ad. female dark, with variable pale leading-edge of arm.

5. Subad. male, like ad. female but with a dark trailing edge to wing and dark tips. Note long wing with round narrow hand.

6. Molting creates irregular coloration to wings.

7. Juv. quite dark overall with pale head markings. Fresh juvs. show silvery bases to primaries.

8. Steep glide with flattish wings and marked kink at the carpal. Some juvs. may have reduced pale markings, giving the bird an all-black look.

9. Active over marshes, soaring slowly on raised wings, and maneuvering with versatile tail. Hangs against the wind with hardly a twitch of the wings, only to glide down stiffly into a heavy flap and soar again.

NORTHERN HARRIER (HEN HARRIER)
მინდვრის ძელქორი (მინდვრის ბოლობეჭედა)
Circus cyaneus cyaneus

Length: 44-52 cm. **Wingspan**: 100-120 cm. **Weight**: 300-708 g.
Medium-sized. Tarsus is not feathered. **ADULT MALE**: Gray breast contrasts with white belly. Trailing edge of wing is blackish. Iris is yellow. **ADULT FEMALE**: 5-10% larger than male. Body is warm-brown. Iris is same as male's. **JUVENILE**: Resembles adult female but is darker brown. Iris of male is yellow, while that of female is brown. **CONFUSING SPECIES**: Larger than Pallid and Montagu's Harriers but with facial markings less distinct in juvenile and female, and unlike the smaller harriers, juvenile is warm brown not dark orange. Compare underwing markings in similar females of Pallid and Montagu's, as well as transitional males acquiring their first adult plumages. **BEHAVIOR**: Flight is slow, very low over ground. Soars with wings held in a V, rocking body from side to side, often 'disappearing' into tall grasses only to fly out further away. Takes prey by surprise. **HABITAT**: Vast open areas, steppe, meadows. Elsewhere on migration, when it can be seen singly, soaring deceivingly high among other raptor species. **FOOD**: Small-sized vertebrates, insects.

სს: 44-52 სმ. **ფშ**: 100-120 სმ. **წ**: 300-708 გ.
გალო არაა შემოსილი. **ზრდასრული მამალი:** ნაცრისფერი მკერდი მკვეთრად ემიჯნება თეთრ მუცელს. ფრთის უკანა კიდეზე გასდევს მოშავო არშია. გუგა ყვითელია. **ზრდასრული დედალი:** ზომით 5-10%-ით დიდია მამალზე. სხეული მოყვითალო-ჟანგისფერია. გუგა იგივე ფერისაა რაც მამლის. **წლევანდულა:** წააგავს დედალს მაგრამ უფრო მუქია. მამლის გუგა ყვითელია, დედლისა კი – ყავისფერი. **მსგავსი სახეობები:** მდელოსა და ველის ძელქორებისგან განსხვავდება შედარებით დიდი ზომით. ხსენებული ძელქორების დედლებისა და წლევანდულებისაგან განსხვავებით, სახის რკალები სუსტადაა გამოხატული, ამას გარდა წლევანდულას სხეული მოყვითალო-ჟანგისფერია და არა სტაფილოსფერი. **ქცევა:** დაფრინავს ნელა, დაბალ სიმაღლეზე. ხშირად "ქრება" მაღალ ბალახში და მერე ისევ უეცრად ჩნდება. მსხვერპლს თავს ესხმის ახლოდან. **ადგილსამყოფელო:** მინდვრები. მდელოები. სეზონური გადაფრენისას გვხვდება სხვა ადგილებშიც. **საკვები**: მცირე ზომის ძუძუმწოვრები და ფრინველები.

SPEC 3

IUCN Europe: H

Trend in Georgia: ?

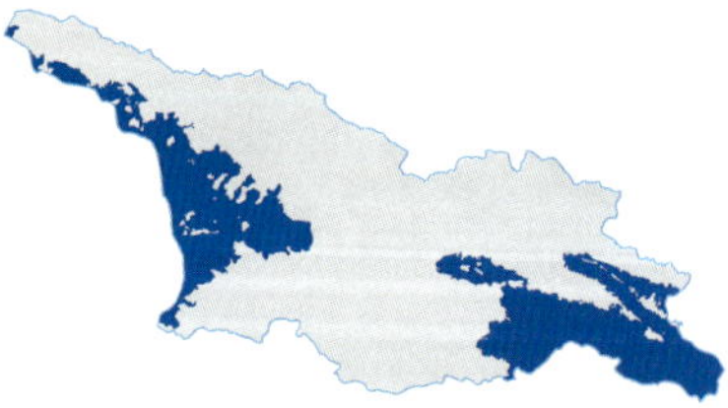

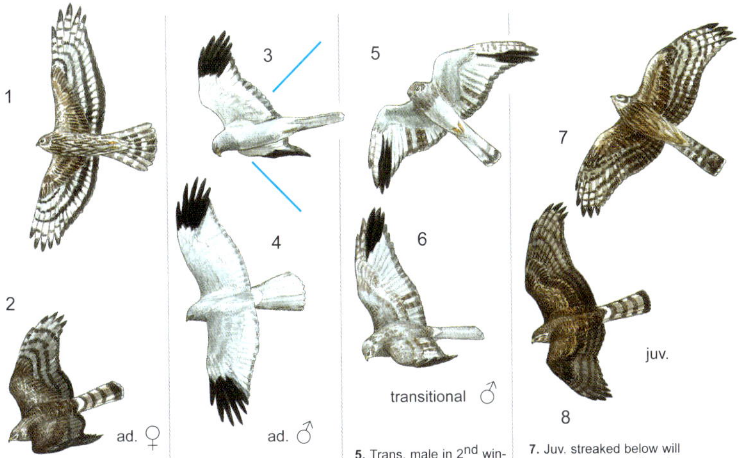

1. Wider wing than Pallid and Montagu's, with rounded wing tip. Ad. female, bold dark bars across all pale flight-feathers. Note evenly streaked body, bulky comp. to other small harriers.

2. Ad. female of all small harriers similar above. Note blunt wing-tip even when folded in a steep glide.

3. Ad. male, black outer hand and dark trailing edge to wing, unbarred secondaries, light lower breast and belly.

4. Ad. male, note unmarked gray tail. Roundness of splayed wing-tip when soaring diagnostic.

5. Trans. male in 2nd winter. Lacks rusty tones to breast. Note broad wing. Pale outer primaries give impression of ad. Pallid male.

6. Molt variable, though outer juv. primaries and mid secondaries last to remain.

7. Juv. streaked below will paler belly. Long tail and broad wings give '*Accipiter*-like,' impression.

8. Juvs. of all small harriers very similar above. Note blunt wing-tip.

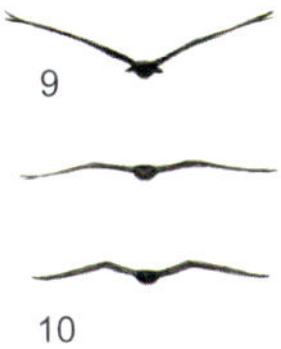

0. All harriers typically hold their wings up on a V when soaring.

10. When gliding, harriers hold flattish wings with a bend at the carpal, often drooping the hands.

PALLID HARRIER
ველის ძელქორი (ველის ბოლობეჭედა)
Circus macrourus

Length: 40-48 cm. **Wingspan**: 95-120 cm. **Weight**: 235-604 g.
Medium-sized. Tarsus is not feathered. **ADULT MALE**: In flight, pale gray above and white below with blackish wedges on wingtips. Iris is yellow. **ADULT FEMALE**: 10% larger than male. Body is warm-brown with pale neck 'collar.' May show a broad whitish arch outside carpal when seen under good light conditions. Iris is same as male's. **JUVENILE**: Orange-brown above and streak-free uniformly orange below with distinct pale neck 'collar.' Iris is gray in males, brown in females. **CONFUSING SPECIES**: Differs from female Montagu's Harrier by pale neck 'collar' and whitish arch on carpal area. Juvenile may be paler than juvenile Montagu's Harrier, with differences in variable head pattern. **BEHAVIOR**: Flight is slow, very low over ground, gliding and soaring with wings held in a V typical of harriers. Males however, tend to have a lighter, jerkier flight, and may recall falcons when in a steep glide. Takes prey by surprise. **HABITAT**: Lowland steppe and vast open areas. Seen elsewhere on migration. **FOOD**: Small-sized vertebrates, insects.

სს: 40-48 სმ. **ფშ**: 95-120 სმ. **წ**: 235-604 გ.
გალო არაა შემოსილი. **ზრდასრული მამალი:** ზურგის მხარე ნაცრისფერია, მუცლის მხარე კი მოთეთროა. პატარა მოგრძო მოშავო ლაქაა პირველად მომქნევებზე. გუგა ყვითელია. **ზრდასრული დედალი:** ზომით 10%-ით დიდია მამალზე. სხეული მოყვითალო-ჟანგისფერია. სახის მოშავო რკალის (ლოყის) ირგვლივ განიერი მკრთალი არეა. კარგი განათების პირობებში, ფრთის კუთხესთან პირველადი მომქნევები ქმნიან მოთეთრო განიერ რკალს. გუგა იგივე ფერისაა რაც მამლის. **წლევანდულა:** ზურგის მხარე მოსტაფილოსფრო-ჟანგისფერია, მუცლის მხარე კი უზოლოა და ერთფეროვნად სტაფილოსფერი. ლოყა-ყელის მოთეთრო ზოლი აშკარად ჩანს. გუგა ნაცრისფერია. **მსგავსი სახეობები:** დედალი მდელოს ძელქორისგან განსხვავდება ლოყის ირგვლივ და ფრთის ქვედა მხარეზე არსებული განიერი მოთეთრო რკალებით. წლევანდულა კი უფრო მკრთალი სტაფილოსფერია ვიდრე წლევანდულა მდელოს ძელქორი. **ქცევა:** დაფრინავს ნელა, დაბალ სიმაღლეზე. მსხვერპლს თავს ესხმის ახლოდან. **ადგილსამყოფელო:** ბარის სტეპები და მინდვრები. სეზონური გადაფრენისას გვხვდება სხვა ადგილებშიც. **საკვები:** მცირე ზომის ძუძუმწოვრები და ფრინველები, ქვეწარმავლები.

SPEC 1

IUCN Europe: EN

Trend in Georgia: ?

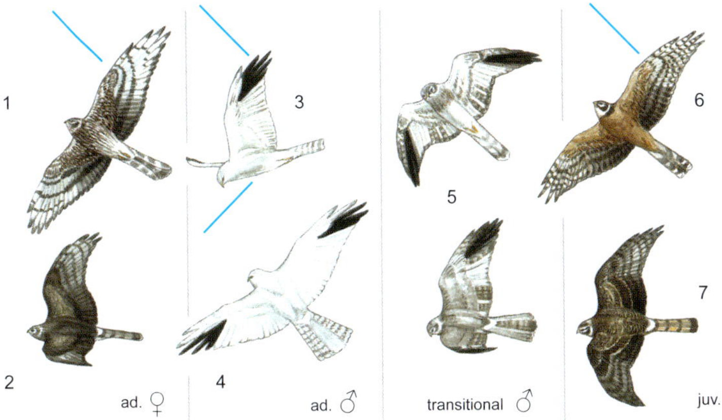

1. Narrow hand with pointed wing-tip. Bulkier body comp. to Montagu's. Ad. female, mostly-unmarked primaries with bold band around carpal contrast a dark inner wing. Darker under-wing coverts.

2. Ad. female of all small harriers similar above. Note narrow hand.

3. Ad. male, overall very pale with contrasting blackish wedge on wing-tip. Smaller, slimmer than female; lighter, quick flight.

4. Ad. male appears nearly white, diagnostic black wedges.

5. Trans. male in 2nd winter similar to Montagu's, with rusty marks on breast and coverts. Broader wing-base and comparatively shorter tail.

6. Juv. shows pale collar even in flight. Fuller-bodied than Montagu's. Uniformly barred pale primaries without darker tips, and bold dark band around carpal.

7. Flight less graceful than Montagu's, but direct and jerkier, falcon-like.

8. Juv. head pattern variable. Collar may be all-white, spotted, or buff, usually running from nape to pale chin, contrasting dark ear-coverts. Note dark lores and limited white around eye.

MONTAGU'S HARRIER
მდელოს ძელქორი (მდელოს ბოლობეჭედა)
Circus pygargus

Length: 43-47 cm. **Wingspan**: 105-120 cm. **Weight**: 227-445 g.
Population: 20-100 pairs
Medium-sized. Tarsus is not feathered. **ADULT MALE**: Has blackish band across secondary flight-feathers and red-brown streaks on flanks and underwing. Iris is yellow. **ADULT FEMALE**: Slightly larger than adult male. Body is warm-brown. Has wide white facial marking. Iris is same as male's. **JUVENILE**: Orange-brown above and streak-free uniformly dark orange below. Iris is brown, though males shift to yellow by 1st autumn. **CONFUSING SPECIES**: See Pallid and Northern Harriers. **BEHAVIOR**: Flight is slow, very low over ground in typical harrier fashion, yet graceful and tern-like. Takes prey by surprise. Breeding pairs are both solitary and gregarious. Male is both monogamous and bigamous. **HABITAT**: Mountain steppe near wetlands, flat areas near tree line, vast scrubby meadows. Seen elsewhere on migration. **FOOD**: Small-sized vertebrates, insects. **NEST**: Pile of grass and twigs on ground, often concealed in low vegetation. **EGGS**: 4-5, 42-mm. **EGG LAYING**: Mid May. **INCUBATION**: 27-40 days. **FLEDGING**: 32-42 days. **MATURITY**: 1-2 years old.

სს: 43-47 სმ. **ფშ**: 105-120 სმ. **წ**: 227-445 გ.
რიცხოვნობა: 20-100 წყვილი
გალო არაა შემოსილი. **ზრდასრული მამალი:** მეორად მომქნევებზე გადის ერთი შავი ზოლი. მუცლის გვერდებზე და ფრთის ქვედა მხარეზე აქვს მოკლე მოწითალო-ჟანგისფერი ლაქები. გუგა ყვითელია. **ზრდასრული დედალი:** ზომით უმნიშვნელოდ დიდია მამალზე. სხეული მოყვითალო-ჟანგისფერია. თვალის ირგვლივ არსებული ზედა და ქვედა თეთრი რკალები შესამჩნევად განიერია. გუგა ყვითელია. **წლევანდული:** ზურგის მხარე მოსტაფილოსფრო-ჟანგისფერია, მუცლის მხარე კი უზოლოა და ერთფეროვნად მუქი სტაფილოსფერია. გუგა ყავისფერია. **მსგავსი სახეობები:** იხ. ველისა და მინდვრის ძელქორები. **ქცევა:** დაფრინავს ნელა, დაბალ სიმაღლეზე. მსხვერპლს თავს ესხმის ახლოდან. ბუდობს როგორც ცალკეულ წყვილებად, ისე არამყარ კოლონიებად. მამალი არის მონოგამიურიც და პოლიგამიურიც. **ადგილსამყოფელო:** მთის სტეპები ჭაობების მახლობლად. ვაკე სუბალპური მდელოები. ვრცელი მდელოები. **საკვები**: მცირე ზომის ცხოველები. **ბუდე**: ბალახისა და წვრილი ტოტების გროვა მიწაზე დაბალი სიმაღლის მცენარეულობაში. **კვერცხები**: 4-5, 42 მმ. **კვერცხების დება**: მაისის შუა რიცხვები. **კრუხობა**: 27-40 დღე. **მართვეს ბუდეში ყოფნის პერიოდი**: 32-42 დღე. **გამრავლების დაწყების ასაკი**: 1-2 წელი.

Non-SPEC

IUCN Europe: S

Trend in Georgia: -

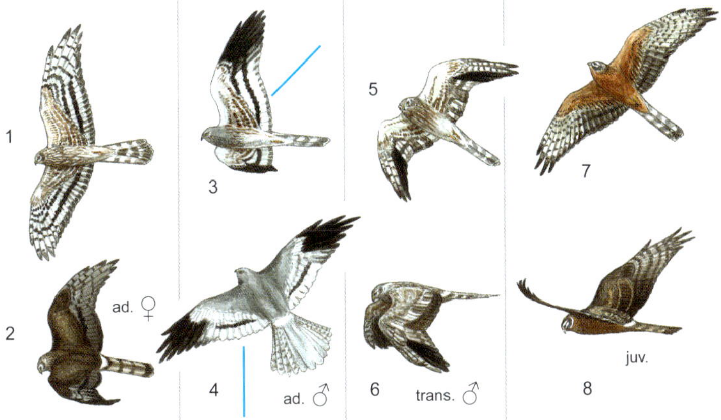

1. Narrow winged, slim body and long tail. Ad. female, boldly barred, evenly-pale flight-feathers. Light underwing coverts.

2. Ad. female of all small harriers similar above. Note black band across secondaries.

3. Ad. male, two dark bands across white inner wing, diffuse trailing-edge, black hand, and rusty bands across coverts. Breast and head often quite dark.

4. Ad. male, bold 3 tone pattern diagnostic. Note narrow pointed hand even in full soar.

5. Trans. male in 2nd winter, bold rusty marks on axillaries and extensive streaking to breast. Slim body/wings and long tail.

6. Trans. male, rustier markings on back and scapulars comp. to other harriers.

7. Juv. shows poorly marked head. Barring on flight-feathers finer comp. to Pallid, with distinct dark finger-tips.

8. Flight elegant and buoyant.

9. Juv. head pattern variable. Collar may be non-existent or pale, rarely reaching chin, often diffuse with ear-coverts. Note paler lores and broader white around eye comp. to juv. Pallid.

ROUGH-LEGGED HAWK (ROUGH-LEGGED BUZZARD)
ᲤᲔᲮᲑᲐᲜᲯᲒᲕᲚᲘᲐᲜᲘ ᲙᲐᲙᲐᲩᲐ
Buteo lagopus lagopus

Length: 50-60 cm. **Wingspan**: 120-150 cm. **Weight**: 600-1660 g.
Medium-sized. Female is slightly larger than male. Tarsus is feathered. In flight, prominent dark carpal patch is squarish. **ADULT MALE**: Has heavily barred belly, dark upper breast, and multiple terminal bands. Adults in flight show dark trailing-edge of wing. Iris is dark brown. **ADULT FEMALE**: Dark belly contrasts paler breast and head. Show a single broad terminal band. Iris same as male. **JUVENILE**: Like adult female but body is paler, with diffuse trailing-edge and terminal band. Iris is pale brown, gray-brown, or yellow. **CONFUSING SPECIES**: Differs from Common and Long-legged Buzzards by broader terminal band and extensively pale tail-base, more contrasting square-shaped carpal patch, and feathered tarsus. **BEHAVIOR**: Often hangs on wind while hunting. **HABITAT**: Winters in flatland near tree line, and mountain steppe rather than lowland steppe. Seen elsewhere on migration. **FOOD**: Small mammals and birds.

სს: 50-60 სმ. **ფშ**: 120-150 სმ. **წ**: 600-1660 გ.
ზომით დედალი უმნიშვნელოდ დიდია მამალზე. გალო შემოსილია. ფრენისას ფრთის კუთხის მუქი ლაქა ოთხკუთხა ფორმისაა. **ზრდასრული მამალი:** მუცელი მუქი ჰორიზონტალური ხაზებით. მკერდის ზედა ნაწილი მუქი. რამოდენიმე ზოლი კუდის არშიაზე. თეთრ კუდზე გადის განიერი მუქი არშია. გუგა მუქი ყავისფერია. **ზრდასრული დედალი:** კონტრასტულად მუქი მუცელი ღია მკერდთან და თავთან შედარებით. ერთი მუქი ზოლი კუდის არშიაზე. გუგა მუქი ყავისფერია. **წლევანდულა:** უფრო ღია ფერისაა, კუდის არშია სუსტადაა გამოხატული. გუგა არის მკრთალი ყავისფერი, მონაცრისფრო-ყავისფერი ან ყვითელი. **მსგავსი სახეობები:** ჩვეულებრივი და ველის კაკაჩებისაგან განსხვავდება განიერ არშიანიანი თეთრი კუდით, ფრთის კუთხის უფრო კონტრასტული კვადრატული მუქი ლაქითა და შემოსილი გალოთი. **ქცევა:** ხშირად ეკიდება ჰაერში ნადირობის დროს. **ადგილსამყოფელო:** უფრო მთის ვიდრე ბარის სტეპები, სუბალპური მდელოები. ვხვდება სხვა ადგილებშიც სეზონური გადაფრენისას. **საკვები:** მცირე ზომის ძუძუმწოვრები და ფრინველები.

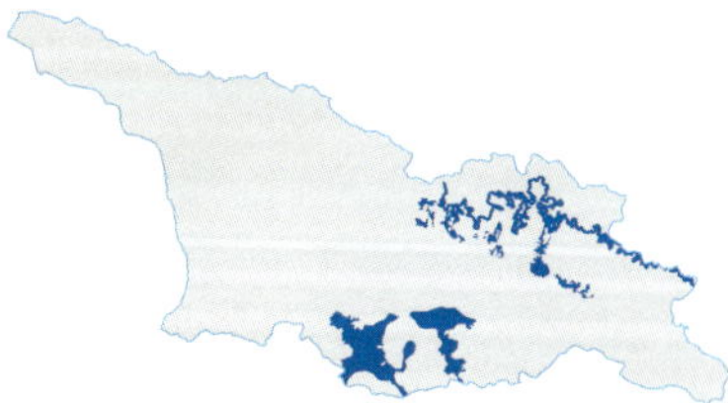

Non-SPEC

IUCN Europe: S

Trend in Georgia: ?

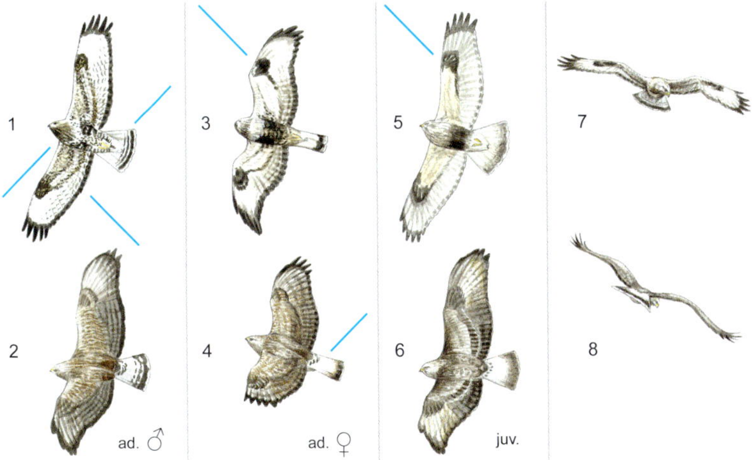

1. Ad. male, dark upper-breast and barred belly. Multiple terminal bands to largely white tail.

2. In all plumages, the stark white inner-tail is obvious even at great distances.

3. Ad. female, pale under-wing, prominent dark carpal-patch, and a solid dark belly.

4. Note streaked back and upperwing contrasting the white tail-base.

5. Juv. Diffuse trailing-edge and terminal band, yet bold dark belly and carpal patch.

6. Note pale head and streaked back.

7. Soars slowly over highland steppe, often hovering or hanging against the wind with bent wings, sweeping head from side to side as it scans for food.

8. Even at a distance when soaring away, the white tail-base is a prominent feature.

juv.

ad. ♂

LONG-LEGGED BUZZARD

ველის კაკაჩა (გრძელფეხა კაკაჩა)

Buteo rufinus rufinus

Length: 50-65 cm. **Wingspan**: 126-148 cm. **Weight**: 590-1760 g.
Population: 50-60 pairs
Medium-sized. Female is 5-10% larger than male. Tarsus is not feathered. **ADULT**: There are two races: pale and dark with varying intermediates. Pale race has <u>whitish head, red-brown belly, and no bands on tail</u>. All red-brown birds may also occur. Dark race is overall blackish, and has <u>dark terminal band and fine barring on tail</u>. Iris is dark brown. **JUVENILE**: Pale head and breast contrast dark belly. Barring on tail is less distinct. Has no dark trailing-edge. Iris is yellow-brown or orange-brown. **CONFUSING SPECIES**: Differs from Common Buzzard by unbarred belly, broader carpal patch, bigger bill, and longer wings, tail, and tarsus. Brown-red birds may be extremely similar to Common Buzzard of same color. **BEHAVIOR**: Perches on rocks and posts rather than trees. Often hovers while hunting. Breeding pairs are solitary, though sometimes nearest neighbor distance is 200-300 meters. Both solitary and gregarious on migration. **HABITAT**: Both lowland and mountain steppes near rocky hills and canyons. Seen elsewhere on migration. **FOOD**: Small animals. **NEST**: Pile of twigs and branches on cliff. **EGGS**: 3-5, 60-mm. **EGG LAYING**: End of March. **INCUBATION**: 28 days. **FLEDGING**: 40-42 days. **MATURITY**: Unknown.

სს: 50-65 სმ. **ფშ**: 126-148 სმ. **წ**: 590-1760 გ.
რიცხოვნობა: 50-60 წყვილი
გალო არაა შემოსილი. **ზრდასრული:** გვხვდება ორი რასა – ნათელი და მუქი. <u>ნათელ რასას აქვს მოთეთრო თავი, უგანივზოლო კუდი და მოწითალო-ჟანგისფერი მუცელი</u>, ხოლო მუქი რასა არის მთლიანად მოშავო და <u>აქვს თანაბარი განივი ლაქე-ბი და შავი არშია თეთრ კუდზე</u>. გუგა მუქი ყავისფერია. **წლევანდულა:** კუდზე განივი ლაქები სუსტადაა გამოხატული. არ აქვს მუქი არშია ფრთის უკანა კიდეზე მეორად მომქნევების მიდამოში. გუგა არის ღია ყავისფერი. **მსგავსი სახეობები:** ჩვეულებრივი კაკაჩასგან განსხვავდება ულაქო მუცლით, ფრთის კუთხის უფრო ფართო მუქი ლაქით, გრძელი ფრთებით და კუდის ფერით. **ქცევა:** ხშირად ეკიდება ჰაერში ნადირობის დროს. ბუდობს ცალკეულ წყვილებად. გადაფრენისას გვხვდება გუნდებად. **ადგილსამყოფელო:** სტეპები, კლდოვანი გორაკების ან ხეობების მახლობლად. **საკვები**: საშუალო და მცირე ზომის ცხოველები. **ბუდე**: ტოტების გროვა კლდეზე. **კვერცხები**: 3-5, 60 მმ. **კვერცხების დება**: მარტის ბოლო. **კრუხობა**: 28 დღე. **მართვეს ბუდეში ყოფნის პერიოდი**: 40-42 დღე. **გამრავლების დაწყების ასაკი**: უცნობია.

SPEC 3

IUCN Europe: VU

Trend in Georgia: 0

1. Dark ad., dark trailing-edge and terminal band. Note long tail.

2. Typical ads. have reddish tones on belly, broad carpal patch, and pale tail.

3. Juvs. lack trailing-edge. Dark juvs. may show dark tails.

4. B. buteo *vulpinus*, similar to rufous Long-legged. Note smaller, compact form.

5. Streaked juv. Narrow pointed hand all ages.

6. Dark ad. plain above, pale primary bases.

7. Pale juv. note brown belly, light tail. Long wings.

8. Typically rusty above, with lighter primaries and pale tail base. Note narrow hand and pointed tip

COMMON BUZZARD
ჩვეულებრივი კაკაჩა
Buteo buteo menetriesi, B.b. vulpinus

Length: 51-57 cm. **Wingspan**: 113-128 cm. **Weight**: 427-1364 g.
Population: 900-1000 pairs
Medium-sized. Female is 5-10% larger than male. Tarsus is not feathered. Highly variable plumage, from very pale to nearly black. Belly and tail are barred. In flight shows dark carpal patch. Iris is brown, brown-yellow, or brown-gray. Pale race of *vulpinus ('Steppe Buzzard')* has red-brown breast, belly, flanks, and leg feathers. **ADULT**: Terminal band and trailing-edge of flight-feathers are blackish. **JUVENILE**: Has no dark terminal band or trailing-edge. **CONFUSING SPECIES**: Differs from Long-legged Buzzard by shorter wings and tail relative to body. Has carpal patches and dark trailing-edge of wing unlike Booted Eagle. **BEHAVIOR**: A common sight. Often perches on posts and power constructions. On migration often seen soaring high, in huge spiraling flocks riding thermals. Breeding pairs are solitary. **HABITAT**: Woodlands, open or cultivated areas near woodlands. Seen elsewhere on migration. **FOOD**: Small rodents, other small-sized animals. **NEST**: Pile of twigs in tree, rarely on cliff. **EGGS**: 2-4, 55-mm. **EGG LAYING**: First half of April. **INCUBATION**: 33-38 days. **FLEDGING**: 50-55 days. **MATURITY**: 2-3 years old.

სს: 51-57 სმ. **ფშ**: 113-128 სმ. **წ**: 427-1364 გ.
რიცხოვნობა: 900-1000 წყვილი
გალო არაა შემოსილი. მუცელზე და კუდზე აქვს მოკლე განივი ლაქები. *vulpinus*-ის მთლიანი მუცლის მხარე კუდიანად მოწითალო-ჟანგისფერია (გვხვდება *vulpinus*-ის მუქი რასაც). ფრთის კუთხეში აქვს მუქი ლაქა. გუგა არის ყავისფერი, მოყავისფრო-ყვითელი ან მოყავისფრო-ნაცრისფერი. **ზრდასრული:** მუქი არშიები გადის კუდზე და ფრთის უკანა კიდეზე მეორადი მომქნევების მიდამოში. **წლევანდული:** არშიები არ აქვს. **მსგავსი სახეობები:** ველის კაკაჩასგან განსხვავდება სხეულთან შედარებით მოკლე ფრთებითა და კუდით. ჩია არწივისგან კი – ფრთის კუთხის ლაქითა და ფრთის უკანა კიდის მუქი არშიით. **ქცევა:** ხშირად ზის ბოძებზე და სადენებზე. სეზონური გადაფრენის დროს გვხვდება დიდი რაოდენობით. ბუდობს ცალკეულ წყვილებად. **ადგილსამყოფელო:** ტყეები. მინდვრები, ველები და ჭაობიანი ადგილები. **საკვები**: მღრნელები, სხვა მცირე ზომის ცხოველები და მწერები. **ბუდე:** ტოტების გროვა ხეზე ან იშვიათად ხეებიან კლდეზე. **კვერცხები**: 2-4, 55 მმ. **კვერცხების დება**: აპრილის პირველი ნახევარი. **კრუხობა**: 33-38 დღე. **მართვეს ბუდეში ყოფნის პერიოდი**: 50-55 დღე. **გამრავლების დაწყების ასაკი**: 2-3 წელი.

Non-SPEC

IUCN Europe: S

Trend in Georgia: 0

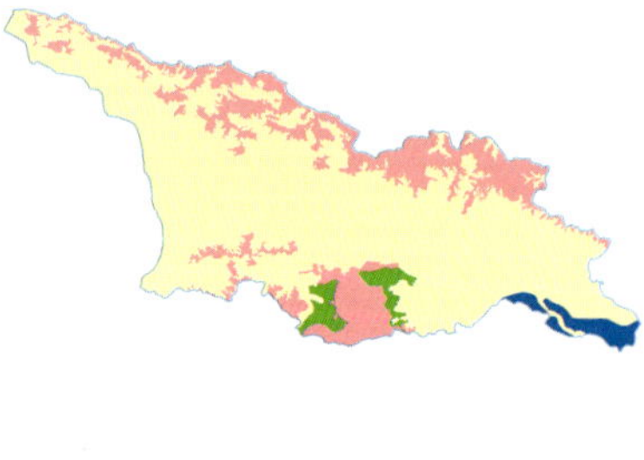

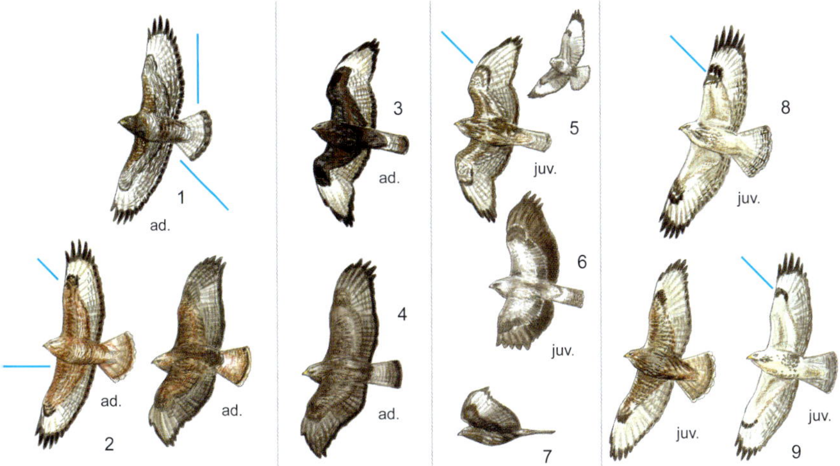

B.b. vulpinus

1. Ad. dark trailing-edge and black terminal band. All plumages, dark carpal marks. Note dark upper breast and heavily barred belly, leaving a lighter belt.

2. Pale *vulpinus* ad. Reddish overall. Faint terminal band. Comp. similar Long-legged Buzz. Note outer primaries appear lighter.

3. Compact form, broad wings and shortish tail. Dark ad. terminal band may diffuse in folded tail.

4. Typical ad. dark trailing edge and terminal band above.

5. Heavily-marked, comp. juv. Long-legged Buzz.

6. Pale juv. contrasting coverts.

7. In powered flight, note compact form, Raven-like.

8. Juv. diffuse trailing-edge and terminal band.

9. Some may be very pale, with reduced carpal marks.

EUROPEAN HONEY-BUZZARD
კრაზანაჭამია (ირაო)
Pernis apivorus

Length: 52-60 cm. **Wingspan**: 135-150 cm. **Weight**: 440-1050 g.
Population: 200-600 pairs.
Medium-sized. Tail has a wide terminal band and two dark central bands. Underwing has obvious dark bands. **ADULT MALE**: Head is gray. Iris is orange or red. **ADULT FEMALE**: 5% larger than male. Head is brownish. Iris is yellow. **JUVENILE**: Generally uniformly brownish, but dark, light, and rufous color morphs are not uncommon. Tail bands are diffuse. Iris is brown or gray-brown. **CONFUSING SPECIES**: Differs from Common Buzzard by wing attitude, smaller head, narrower neck, longer narrower wings, and longer tail. **BEHAVIOR**: Hard to see in breeding season but seen in large numbers on migration, often along with Common Buzzard. Feeds on ground. Breeding pairs are solitary. **HABITAT**: Woodlands, but elsewhere on migration. **FOOD**: Primarily larvae of bees and wasps that are taken by digging; secondarily small vertebrates. Sometimes robs bird nests. **NEST**: Pile of twigs and green leaves in tree. **EGGS**: 2, 52-mm. **EGG LAYING**: Mid May. **INCUBATION**: 30-37 days. **FLEDGING**: 40-44 days. **MATURITY**: Unknown.

სს: 52-60 სმ. **ფშ**: 135-150 სმ. **წ**: 440-1050 გ.
რიცხოვნობა: 200-600 წყვილი.
კუდზე აქვს არშია და ორი მუქი ზოლი. ფრთის ქვედა მხარეზე მომქნევების ძირთან გადის მკვეთრი ზოლები. **ზრდასრული მამალი:** თავი რუხია. გუგა არის სტაფილოსფერი ან წითელი. **ზრდასრული დედალი**: თავი ჟანგისფერია. გუგა ყვითელია. **წლევანდულა:** ზურგის მხარე ერთფეროვნად ჟანგისფერია. კუდის ზოლები და არშია უფრო ბუნდრია. გუგა ყავისფერი ან მონაცრისფრო-ყავისფერია. **მსგავსი სახეობები:** ჩვეულებრივი კაკაჩასგან განსხვავდება პატარა თავით, ვიწრო კისრით, გრძელი ვიწრო ფრთებითა და გრძელი კუდით, აგრეთვე ფრენის ტიპის განივი ჭრილით. **ქცევა:** გამრავლების პერიოდში ეწევა მალულ ცხოვრებას. გადაფრენის დროს კი გვხვდება დიდი რაოდენობით, ხშირად კაკაჩებთან ერთად. ბუდობს ცალკეულ წყვილებად. **ადგილსამყოფელო:** მაღალტანიანი ტყეები. გვხვდება სხვა ადგილებშიც სეზონური გადაფრენისას. **საკვები**: ძირითადად კრაზანების, კელებისა და ბაზების ლარვები, ხანდახან სხვა მცირე ზომის ცხოველები. ლარვებს მოიპოვებს მწერების ბუდეების გათხრით. **ბუდე**: ფოთლებნარევი ტოტების გროვა ხეზე. **კვერცხები**: 2, 52 მმ. **კვერცხების დება**: მაისის შუა რიცხვები. **კრუხობა**: 30-37 დღე. **მართვეს ბუდეში ყოფნის პერიოდი**: 40-44 დღე. **გამრავლების დაწყების ასაკი**: უცნობია.

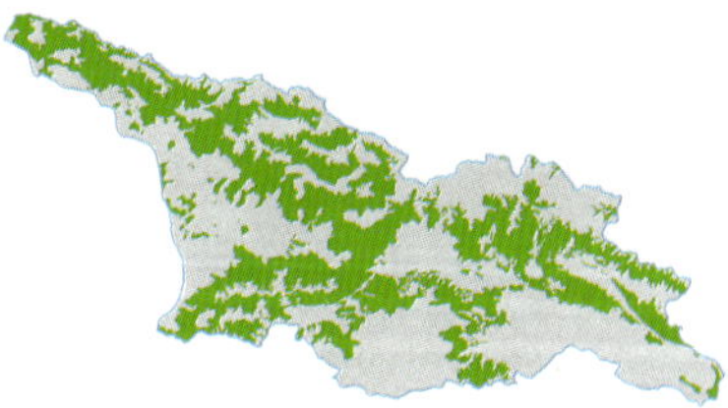

Non-SPEC

IUCN Europe: S

Trend in Georgia: 0

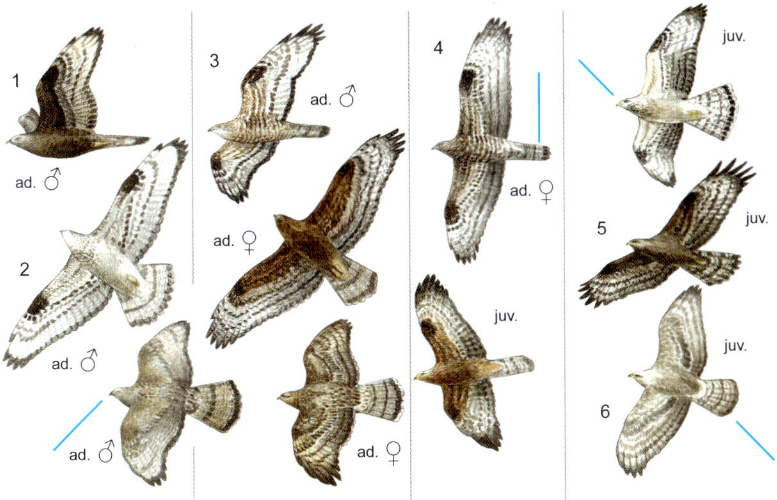

1. Long tail, comp. to Common Buzzard.

2. Ad. male, solid dark tips.

3. Wings appear long comp. to Common Buzzard.

4. Soars with narrow hand. Ad. female, diffuse dark tips.

5. Juv. Note diffuse dark trailing-edge.

6. Note variable plumage overall.

7. May show pale patches on leading arm, comp. to Booted Eagle.

8. Glides on very slight down-swept wings.

NORTHERN GOSHAWK
ქორი
Accipiter gentilis marginatus

Length: 48-62 cm. **Wingspan**: 90-120 cm. **Weight**: 600-1100 g.
Population: 230-350 pairs
Medium-sized. Has a distinct supercilium. Tail is long, banded, and rounded. Tarsus is not feathered. In flight, wing is widest at secondaries. **ADULT MALE**: Blue-gray above. Crown and cheek are darker than female's. Iris is bright yellow, orange-yellow, or orange-red. **ADULT FEMALE**: Size of Common Buzzard, 20% larger than male. Brown-gray above. Iris is same as male's. **JUVENILE**: Body is brownish with broad streaks on yellow-brown breast, belly, flanks, and leg feathers. Supercilium is diffuse. Iris is pale green-gray. **CONFUSING SPECIES**: Differs from Eurasian and Levant Sparrowhawks by larger size, bulky body, broad tail-base, wider wings, and distinct supercilium. **BEHAVIOR**: Flight represented mostly by quick, active turns and gliding. Breeding pairs are solitary. **HABITAT**: Dense woodlands. Often winters in parks, forest strips, and cultivated landscape. Seen elsewhere on migration. **FOOD**: Birds, squirrels, hare. **NEST**: Pile of twigs lined with green vegetation in tree. **EGGS**: 2-4, 59-mm. **EGG LAYING**: Mid April. **INCUBATION**: 35-38 days. **FLEDGING**: 35-42 days. **MATURITY**: 2-3 years old.

სს: 48-62 სმ. **ფშ**: 90-120 სმ. **წ**: 600-1100 გ.
რიცხოვნობა: 230-350 წყვილი
გალო არაა შემოსილი. აქვს მკვეთრად გამოხატული თეთრი "წარბი". მეორადი მომქნევების მიდამოში ფრთა შესამჩნევად განიერია. მომრგვალებული კუდი გრძელია და აქვს რამდენიმე განივი ზოლი. **ზრდასრული:** მამალი დედალთან შედარებით შესამჩნევად მომცროა. ზურგის მხარე მოლურჯოა. თხემი და ლოყა უფრო მუქი აქვს ვიდრე დედალს. გუგა არის კაშკაშა ყვითელი, მოსტაფილოსფრო-ყვითელი ან მოსტაფილოსფრო-წითელი. დედლის ზურგის მხარე მურაა. **წლევანდულა:** სხეული ჟანგისფერია. მოყვითალო-ჟანგისფერი მუცლის მხარე დაფარულია ღერძულა ლაქებით. "წარბი" მოყვითალოა. გუგა მკრთალი მომწვანო-ნაცრისფერია. **მსგავსი სახეობები:** მიმინოსგან და ქორცქვიტასგან განსხვავდება დიდი ზომით და მკვეთრად გამოხატული თეთრი წარბით. **ქცევა:** დაფრინავს ფრთების ნელი ქნევისა და ლივლივის ხშირი მონაცვლეობით. ბუდობს ცალკეულ წყვილებად. **ადგილსამყოფელო:** ხშირი ტყეები. ზამთრობისას გვხვდება ტყეპარკებისა და ტყის ზოლების მახლობლად. **საკვები:** მცირე და საშუალო ზომის ცხოველები. **ბუდე**: მწვანე მცენარეულობით ამოფენილი ტოტების გროვა ხეზე. **კვერცხები**: 2-4, 59 მმ. **კვერცხების დება**: აპრილის შუა რიცხვები. **კრუხობა**: 35-38 დღე. **მართვეს ბუდეში ყოფნის პერიოდი**: 35-42 დღე. **გამრავლების დაწყების ასაკი**: 2-3 წელი.

Non-SPEC

IUCN Europe: S

Trend in Georgia: 0

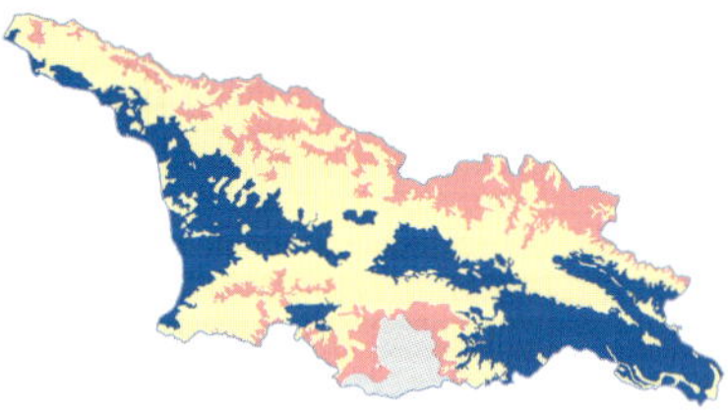

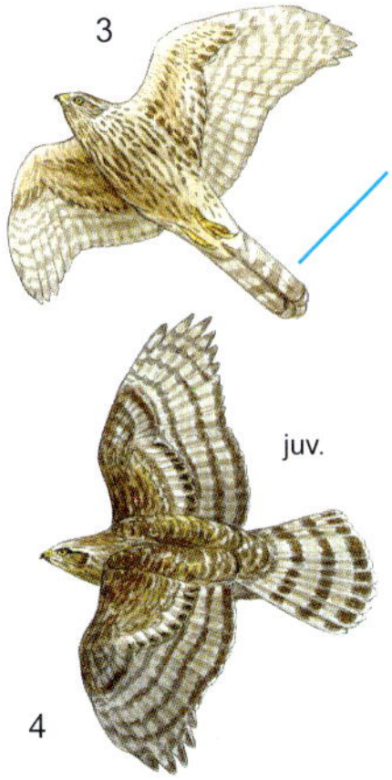

1. Ad. grayish below with finely barred underwings and body. Note head pattern. Hip and tail are broad, the tail-tip rounded.

2. The massive broad tail separates it from smaller sparrowhawks.

3. Juv. streaked below. Note broad rounded wings.

4. Juv. brownish above with barring to wings and tail. Note long neck. Broad wings and large tail enable for agile and powerful pursuit of prey, even in tight underbrush.

5. Compare to buzzards when soaring. Flight direct and heavy, and unlike Sparrowhawk, may glide for long periods without the need of flapping.

EURASIAN SPARROWHAWK
მიმინო
Accipiter nisus nisus

Length: 28-38 cm. **Wingspan**: 55-70 cm. **Weight**: 100-346 g.
Population: 950-2150 pairs
Small. Tail is long, banded, and squared. Tarsus is not feathered. In flight, wings are evenly barred and round-tipped. **ADULT MALE**: Dark blue-gray above. Cheeks orange. Orange barring on white breast, belly, flanks, and leg feathers. Iris is orange-yellow or orange-red. **ADULT FEMALE**: 25% larger than male. Gray above. Brownish barring on white breast, belly, flanks, and leg feathers. Iris is bright yellow or orange. **JUVENILE**: Browner than adult female. Barring is broader and irregular. **CONFUSING SPECIES**: See Northern Goshawk and Levant Sparrowhawk. **BEHAVIOR**: Flight represented mostly by quick active turns and gliding. Often pursues small birds through thick bushes and canopy. Breeding pairs are solitary. **HABITAT**: Woodlands, parks, forest strips. Seen elsewhere on migration. **FOOD**: Small birds. **NEST**: Pile of twigs in tree. **EGGS**: 4-5, 40-mm. **EGG LAYING**: Second half of April. **INCUBATION**: 39-42 days. **FLEDGING**: 24-30 days. **MATURITY**: 1 year old.

სს: 28-38 სმ. **ფშ**: 55-70 სმ. **წ**: 100-346 გ.
რიცხოვნობა: 950-2150 წყვილი
გალო არაა შემოსილი. კუთხოვანი კუდი გრძელია და აქვს რამდენიმე განივი ზოლი. **ზრდასრული მამალი:** დედალთან შედარებით შესამჩნევად მომცროა. ზურგის მხარე მუქი-მოცისფროა. ლოყა სტაფილოსფერია. თეთრი მუცლის მხარე დაფარულია მჭიდროდ განლაგებული სტაფილოსფერი განივი ლაქებით. გუგა არის მოსტაფილოსფრო-ყვითელი ან მოსტაფილოსფრო-წითელი. **ზრდასრული დედალი:** ზომით 25%-ით დიდია მამალზე. ზურგის მხარე მორუხოა. თეთრი მუცლის მხარე დაფარულია უფრო განიერი მოყავისფრო განივი ლაქებით. გუგა არის კაშკაშა ყვითელი ან სტაფილოსფერი. **წლევანდულა:** დედალთან შედარებით უფრო ჟანგისფერია, მუცლის მხრის ლაქები უფრო სქელია და არარეგულარულადაა განლაგებული. **მსგავსი სახეობები:** იხ. ქორი და ქორცქვიტა. **ქცევა:** დაფრინავს ფრთების სწრაფი ქნევისა და ლივლივის ხშირი მონაცვლეობით. ნადირობისას არ ერიდება დიდი სიჩქარით ხის ან ბუჩქების ხშირ ტოტებში შევარდნას. ბუდობს ცალკეულ წყვილებად. **ადგილსამყოფელო:** ტყეები, ტყეპარკები, ტყის პირები. **საკვები**: მცირე ზომის ფრინველები. **ბუდე**: წვრილი ტოტების ღრმა გროვა ხეზე. **კვერცხები**: 4-5, 40 მმ. **კვერცხების დება**: აპრილის მეორე ნახევარი. **კრუხობა**: 39-42 დღე. **მართვეს ბუდეში ყოფნის პერიოდი**: 24-30 დღე. **გამრავლების დაწყების ასაკი**: 1 წელი.

Non-SPEC

IUCN Europe: S

Trend in Georgia: 0

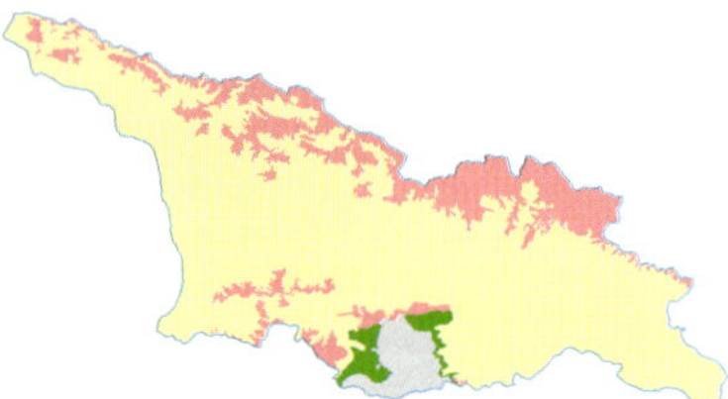

1. Glides on flat wings. Note slender body comp. to Goshawk.

2. Soaring, wings are round. Fanned tail retains squared corners.

3. Ad. male, underwing barred throughout, darkening at tips. Orange tone to body.

4. Ad. female, underwing evenly barred. Appears overall gray. Comp. well-spaced tail bands to denser banded Levant tail.

5. Juv. coarsely barred beneath, comp. streaked Levant.

6. Ad. above even-toned gray, with bands across tail. Note rounded wings.

LEVANT SPARROWHAWK
ქორცქვიტა (შავთვალა მიმინო, ლევანმიმინო)
Accipiter brevipes

Length: 32-38 cm. **Wingspan**: 65-75 cm. **Weight**: 150-275 g.
Population: 30-60 pairs
Small. Tarsus is not feathered. In flight, rather pointed blackish wingtips contrast with rest of wing. **ADULT MALE**: Orange barring on white breast, belly, flanks, and leg feathers. Blue-gray above with darker flight-feather tips. Iris is red-brown. Cere is gray-green. **ADULT FEMALE**: 10% larger than male. Gray-brown above. Dense red-brown barring on white breast, belly, flanks, and leg feathers. Has dark stripe on throat. Iris is same as male's. Cere is yellow-green. **JUVENILE**: Has dark stripe on throat. Brown streaks on breast, belly, flanks, and leg feathers. Iris is yellow-gray. **CONFUSING SPECIES**: Unlike Eurasian Sparrowhawk, underwing is paler with contrasting black wingtips. **BEHAVIOR**: Often glides to take prey on ground. Breeding pairs are solitary. Gregarious on migration. **HABITAT**: Arid woodlands and riparian forests. Seen elsewhere on migration. **FOOD**: Insects, small vertebrates. **NEST**: Pile of twigs lined with green leaves in tree. **EGGS**: 3-5, 40-mm. **EGG LAYING**: Mid May. **INCUBATION**: 30-35 days. **FLEDGING**: 40-45 days. **MATURITY**: 1 year old.

სს: 32-38 სმ. **ფშ**: 65-75 სმ. **წ**: 150-275 გ.
რიცხოვნობა: 30-60 წყვილი
გალო არაა შემოსილი. ფრთის შავი წვერი მკვეთრად ემიჯნება ფრთის დანარჩენ ნაწილს. **ზრდასრული მამალი:** მოლურჯო ზურგის მხარე ემიჯნება მუქ მომქნევებს. თეთრი მუცლის მხარე დაფარულია სტაფილოსფერი განივი ლაქებით. გუგა მოწითალო-ყავისფერია. ცვილანა მორუხო-მწვანეა. **ზრდასრული დედალი:** ზურგის მხარე მორუხო-ჟანგისფერია. თეთრი მუცლის მხარე დაფარულია მჭიდროდ განლაგებული მოწითალო-ჟანგისფერი განივი ლაქებით. ცვილანა მოყვითალო-მწვანეა. **წლევანდულა:** მუცლის მხარეზე აქვს ღერძულა მოგრძო ჟანგისფერი ლაქები. ყელზე აქვს მუქი ღერძულა ზოლი. გუგა მოყვითალო-ნაცრისფერია. **მსგავსი სახეობები:** მიმინოსგან განსხვავებით ფრთის ქვედა მხარე უფრო მკრთალია და მკვეთრად ემიჯნება მოშავო ფრთის წვერებს. **ქცევა:** ნადირობისას ხშირად დალივლივებს და მსხვერპლს თავს ესხმის მიწაზე. გადაფრენისას გვხვდება გუნდებად. **ადგილსამყოფელო:** მშრალი ნათელი ტყე ჭალების ან მდინარის მახლობლად. **საკვები**: ძირითადად მწერები, მცირე ზომის ქვეწარმავლები. **ბუდე**: მწვანე ფოთლებით ამოფენილი ტოტების გროვა ხეზე. **კვერცხები**: 3-5, 40 მმ. **კვერცხების დება**: მაისის შუა რიცხვები. **კრუხობა**: 30-35 დღე. **მართვეს ბუდეში ყოფნის პერიოდი**: 40-45 დღე. **გამრავლების დაწყების ასაკი**: 1 წელი.

SPEC 2

IUCN Europe: VU

Trend in Georgia: ?

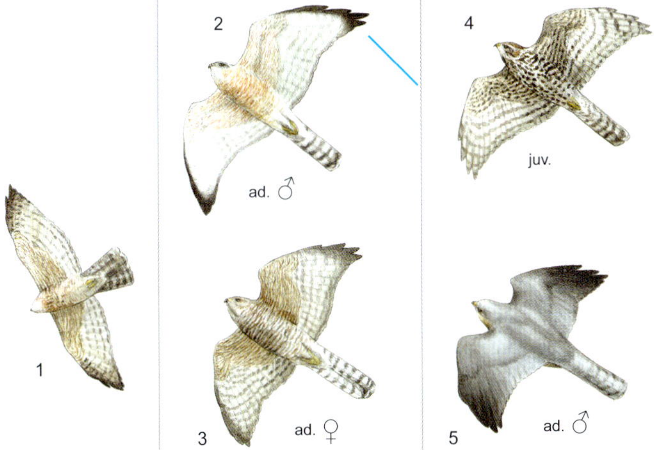

1.Pointed wing-tips separate it from Sparrowhawk.

2.Ad. male, underwing pale with contrasting dark wing-tips.

3. Ad. female, pale flight-feathers barred, with darker wing tips. Comp. denser banding of tail to that of female Sparrowhawk.

4.Juv. streaked body beneath. Lack of obvious dark wing-tips.

5. Comp. dark-tipped pointed wings with Sparrowhawk.

SHIKRA
შიკრა
Accipiter badius

Length: 28-36 cm. **Wingspan**: 60-70 cm. **Weight**: 110-270 g.
Rare vagrant to Georgia. Careful attention must be paid to details in plumage and form in order to separate it from similar Eurasian and Levant Sparrowhawks. Generally smaller in size than both sparrowhawks. Dark stripe on throat at all ages. Tarsus not feathered. **ADULT MALE**: Pale blue-gray above with darker flight-feathers. Pale-orange barring on white breast, belly, flanks, and leg feathers. Upperparts and body paler compared to Levant Sparrowhawk. Iris is yellow, orange, or brown-red. Cere is yellow to greenish. **ADULT FEMALE**: 15% larger than male. Slightly browner than male above, with rustier tone to underparts. Iris is yellow to orange. Cere is same as male's. **JUVENILE**: Streaked brown on breast, belly, flanks, and leg feathers. Iris is yellow-brown. **CONFUSING SPECIES**: Plumage very similar to Levant Sparrowhawk, though paler overall in adults. Color and size differences difficult to judge without direct comparison. Differs from Levant Sparrowhawk by having a dark stripe on throat in adults and juveniles of both sexes. Wings are stubby and rounded, compared to longer pointed wings of Levant. Underparts in flight very pale, with very little if any barring on wings. Tail less densely banded than sparrowhawks, appearing almost entirely white beneath in adult males. **BEHAVIOR**: Undulating flight when crossing clearings from cover to cover. Soars in tight circles. **HABITAT**: Arid woodlands on steppe and desert fringe. **FOOD**: Primarily lizards; secondarily insects, birds, and rarely rodents.

სს: 28-36. **ფშ:** 60-70 სმ. **წ:** 110 -270 გ.
შემთხვევითი შემომფრენი. **ზრდასრული მამალი:** თითქმის თეთრი ქვემოდან, პირველადი მომქნევების წვერები შავი. ქვემოდან კუდის ბუმბულები ერთფეროვანი ღია ფერის, განივი ზოლები მხოლოდ შუა ბუმბულებზე. ფრთები ძალიან მოკლე და მომრგვალებული. ზემოდან ერთფეროვანი პირველადი მომქნევების წვერები შავი, კუდიც თითქმის ერთფეროვანი ცუდად შესამჩნევი განივი ზოლებით განაპირა ბუმბულებზე. **ზრდასრული დედალი:** ქვემოდან უფრო მუქი ვიდრე მამალი, მოვარდისფრო ტონით. ქვემოდან კუდის ბუმბულები მეტი განივი ზოლებით ვიდრე მამალი, უფრო ნაკლებ გამოკვეთილი ზოლებით ვიდრე ქორცქვიტა. **წლევანდულა:** ქვემოდან მკვეთრად დაწინწკლული, ჰგავს ქორცქვიტას. **მსგავსი სახეობები:** განსხვავდება ქორცქვიტასგან უფრო მცირე ზომებით, შავი ხაზი ყელზე ყველა ასაკში და შებუმბვლაში. ნაკლებად დაზოლილი კუდით. **ქცევა:** იარაოს დროს აკეთებს მოკლე წრეებს. **ადგილსამყოფელო:** არიდული ნათელი ტყეები და სემიარიდული ღია ლანდშაფტი. **საკვები:** მცირე ზომის ცხოველები.

Non-SPEC

IUCN Europe: S

Trend in Georgia: ?

1
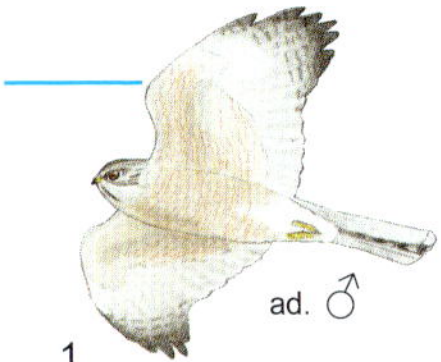

2

3

4
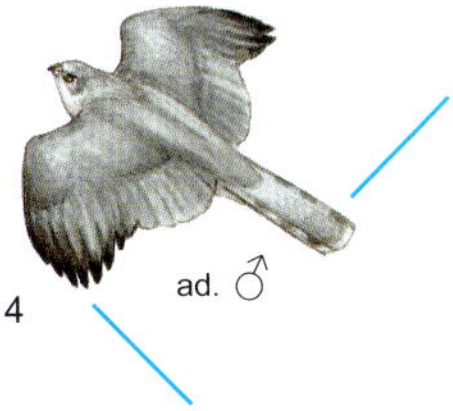

1. Ad. male very pale, almost white below with dark primary tips. Outer tail feathers plain, with sparse barring noticeable only towards center when tail folded, appearing all pale. Wings are very round and short. Flight is typically undulating when dashing from forested cover across open stretch.

2. Ad. female darker than male, similar to ad. Levant. Underparts appear rather pink in good light. Underwing bands variable, but typically very faint. Note sparsely banded undertail comp. to dense bands on Levant.

3. Juv. streaked body beneath. Difficult to separate from juv. Levant. Attention to wing attitude.

4. Ad. male above, dark primary tips on rounded wings. Uppertail appears all plain, but sparse banding may be seen on outer feathers only.

LESSER KESTREL
მცირე კირკიტა (ველის კირკიტა)
Falco naumanni

Length: 29-32 cm. **Wingspan**: 58-72 cm. **Weight**: 90-208 g.
Population: 700 pairs occurred in 1975-1991. Now <100.
Small. Tip of folded wing almost reaches tail-end. Long tail is slightly wedged with black terminal band. Tarsus is not feathered. Claws are white. **ADULT MALE**: Head, crown, and cheeks are blue-gray. Back is spotless red-brown. Breast and belly are sparsely spotted. Underwing is whitish. **ADULT FEMALE**: Slightly larger than male. Lacks dark line behind eye found on female Common Kestrel. Red-brown back has dark spots. Whitish breast and belly are covered in brown streaks. Flight feathers on underwing are slightly barred. **JUVENILE**: Resembles adult female. **CONFUSING SPECIES**: Differs from Common Kestrel by smaller size, white claws, somewhat wedged tail, and lack of dark 'mustache.' Male Common Kestrel has spotted back and no blue-gray band on upperwing. **BEHAVIOR**: Usually gregarious. Hovers less frequently than Common Kestrel. Breeding pairs are colonial. **HABITAT**: Semi-desert, lowland steppe. Seen elsewhere on migration. **FOOD**: Insects, lizards, other small animals. **NEST**: Hole or small cavity on cliff, building, or other man-made constructions. **EGGS**: 3-5, 35-mm. **EGG LAYING**: Second half of April. **INCUBATION**: 28-29 days. **FLEDGING**: 28 days. **MATURITY**: 1-2 years old.

სს: 29-32 სმ. **ფშ**: 58-72 სმ. **წ**: 90-208 გ.
რიცხოვნობა: 700 წყვილი იყო 1975-1991 წლებში, ამჟამად 100-ზე ნაკლები.
გალო არაა შემოსილი. ბრჭყალები თეთრია. დაკეცილი ფრთის წვერი თითქმის წვდება კუდის წვერს. გრძელი კუდი ოდნავ სოლისებურია და აქვს შავი არშია. **ზრდასრული მამალი:** თავი მოცისფროა. ზურგის მხარე ერთფეროვნად მოწითალო-ჟანგისფერია. ფრთის ქვედა მხარე მოთეთროა. მუცლის მხარე მეჩხრადაა დაწინწკლული. **ზრდასრული დედალი:** მოწითალო-ჟანგისფერი ზურგი შავი ლაქებით. მოთეთრო მუცლის მხარე ხშირი ჟანგისფერი ღერძულა ლაქებით. სუსტად გამოხატული განივი ლაქები მომქნევებზე ფრთის ქვედა მხარეზე. **წლევანდულა:** წააგავს დედალს. **მსგავსი სახეობები:** ჩვეულებრივი კირკიტასგან განსხვავებით მომცროა და აქვს თეთრი ბრჭყალები. მამალ ჩვეულებრივ კირკიტას აქვს მუქ ლაქებიანი ზურგი და არ აქვს მოცისფრო მხარი. **ქცევა:** ხშირად გვხვდება ჯგუფურად. ბუდობს კოლონიებად. **ადგილსამყოფელო:** მშრალი ნათელი ტყეები, ნახევარუდაბნოები, ბარის სტეპები. **საკვები**: მწერები და მცირე ზომის ცხოველები. **ბუდე**: ხვრელი ან ნაპრალი კლდეზე ან შენობაზე. **კვერცხები**: 3-5, 35 მმ. **კვერცხების დება**: აპრილის მეორე ნახევარი. **კრუხობა**: 28-29 დღე. **მართვეს ბუდეში ყოფნის პერიოდი**: 28 დღე. **გამრავლების დაწყების ასაკი**: 1-2 წელი.

SPEC 1

IUCN Europe: H

Trend in Georgia: -

1. Ad. male poorly barred underwing with dark tips and diffuse trailing edge. Note strong coloration of breast.

2. Ad. male spotless above, with gray inner-secondaries. All-gray cheek.

3. Ad. female much like Kestrel, may have paler primary bases.

4. Slightly wedged tail is shorter comp. to Kestrel.

5. Transitional males variable, spotless backs and banded outer-tail.

6. May hover like Kestrel, though less frequently. Hunting habits like Red-Footed, spending time on ground and hunting on the wing.

7. Juv. may be clearly paler underwing with darker tips, variable.

8. Note slim body in all ages, giving a Red-Footed Falcon-like build.

COMMON KESTREL
ჩვეულებრივი კირკიტა
Falco tinnunculus tinnunculus

Length: 32-35 cm. **Wingspan**: 71-80 cm. **Weight**: 136-314 g.
Population: 2000-3000 pairs
Small. Dark 'mustache' is distinct. Tip of folded wing does not reach tail-end. Long tail is rounded with black terminal band. Tarsus is not feathered. Claws are black. **ADULT MALE**: Red-brown back has dark spots. Head and tail are blue-gray. Cere is yellow. **ADULT FEMALE**: Slightly larger than male. Red-brown back has dark spots. Cere is yellow. **JUVENILE:** Resembles adult female. Cere is yellow-green. **CONFUSING SPECIES**: See Lesser Kestrel. **BEHAVIOR**: Frequently hovers. Often perches on power constructions. Breeding pairs are both solitary and gregarious. **HABITAT**: Open areas both in lowlands and highlands. Human settlements with high-rise buildings. **FOOD**: Small mammals, birds, lizards, and insects. **NEST**: Hole or small cavity on cliff, building, or other man-made constructions. Old nests of magpie, crow, and rook. **EGGS**: 3-7, 39-mm. **EGG LAYING**: First half of April. **INCUBATION**: 27-29 days. **FLEDGING**: 27-32 days. **MATURITY**: 1 year old.

სს: 32-35 სმ. **ფშ**: 71-80 სმ. **წ**: 136-314 გ.
რიცხოვნობა: 2000-3000 წყვილი
გალო არაა შემოსილი. ბრჭყალები შავია. დაკეცილი ფრთის წვერი შორსაა კუდის წვერისაგან. გრძელი კუდი მომრგვალებულია და აქვს შავი არშია. მუქი "ღაწვები" კარგადაა გამოკვეთილი. **ზრდასრული მამალი:** მოწითალო-ჟანგისფერი ზურგის მხარე მუქ ლაქებიანია. თავი და კუდი მოცისფროა. ცვილანა ყვითელია. **ზრდასრული დედალი:** ზომით უმნიშვნელოდ დიდია მამალზე. მოწითალო-ჟანგისფერი სხეული დაფარულია მუქი ლაქებით. ცვილანა იგივე ფერისაა რაც მამლის. **წლევანდულა:** წააგავს დედალს. ცვილანა მოყვითალო-მწვანეა. **მსგავსი სახეობები:** იხ. მცირე კირკიტა. **ქცევა:** ჰაერში ხშირად ეკიდება. ხშირად ზის ბოძებზე და სადენებზე. ბუდობს უფრო ცალკეულ წყვილებად, ვიდრე კოლონიებად. **ადგილსამყოფელო:** ბარის და მთის სტეპები, ნახევარუდაბნოები, მინდვრები, სუბალპური და ალპური მდელოები, სოფლები და ქალაქები. სეზონური გადაფრენისას გვხვდება სხვა ადგილებშიც. **საკვები**: მწერები, მცირე ზომის ძუძუმწოვრები და ფრინველები, ხვლიკები. **ბუდე**: ხვრელი ან ნაპრალი კლდეზე ან შენობაზე. ყვავის, ჭილყვავის ან კაჭკაჭის მიტოვებული ბუდე. **კვერცხები**: 3-7, 39 მმ. **კვერცხების დება**: აპრილის პირველი ნახევარი. **კრუხობა**: 27-29 დღე. **მართვეს ბუდეში ყოფნის პერიოდი**: 27-32 დღე. **გამრავლების დაწყების ასაკი**: 1 წელი.

SPEC 3

IUCN Europe: D

Trend in Georgia: 0

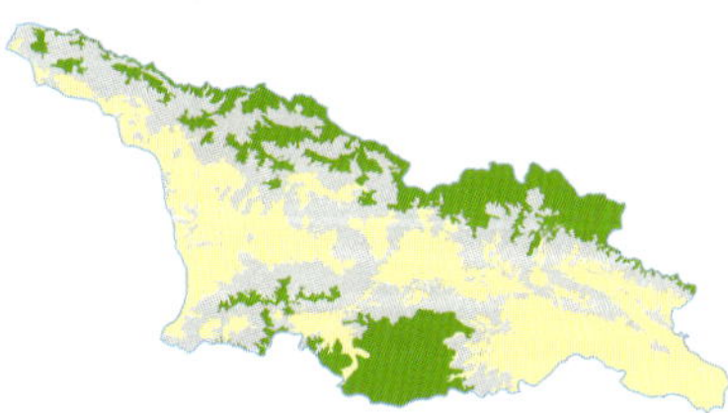

1. Ad. male rather evenly barred and spotted below.

2. Ad. male above spotted back and coverts. Faint mustache and pale cheek.

3. Ad. female often inseparable from Les. Kestrel. Darker bands underwing.

4. Flight loose comp. to other small falcons. Females, banded tail above.

5. Often seen hovering, tail fanned.

6. Juv. highly variable above. Note long tail and rather broad wing-base.

7. Juv. denser bars and spots below. May have dark edge to wing tips.

RED-FOOTED FALCON
წითელფეხა შავარდენი (თვალშავი)
Falco vespertinus

Length: 29-31 cm. **Wingspan**: 66-78 cm. **Weight**: 130-197 g.
Population: 10-50 pairs
Small. Tarsus is not feathered. Tarsus and toes are red. **ADULT MALE**: Body is black-gray. Leg feathers and tail coverts below are red-brown. Cere is orange-red. **ADULT FEMALE**: Slightly larger than male. Crown, breast and belly are orange. Has dark 'mask' around eye. Cere is orange. **JUVENILE**: Crown is red-brown. Forehead is pale. Breast and belly are covered in brown streaks. Edges of blue-gray back feathers are pale red-brown. Cere is yellow or orange-yellow. **CONFUSING SPECIES**: Juvenile differs from Eurasian Hobby by red-brown crown, pale forehead, brown streaks below, and banded uppertail. **BEHAVIOR**: Mainly takes prey on ground. Sometimes catches insects in the air. Pairs are gregarious breeding in colonies of magpie, crow, and rook. **HABITAT**: Vast open areas where colonies of magpie, crow, and rook occur. Seen elsewhere on migration. **FOOD**: Insects, small animals. **NEST**: Old nests of magpie, crow, and rook. **EGGS**: 3-6, 37-mm. **EGG LAYING**: End of May. **INCUBATION**: 22-27 days. **FLEDGING**: 27-30 days. **MATURITY**: 1-2 years old.

სს: 29-31 სმ. **ფშ**: 66-78 სმ. **წ**: 130-197 გ.
რიცხოვნობა: 10-50 წყვილი
გალო და თითები წითელია. **ზრდასრული მამალი:** სხეული მოშავო-რუხია. ფეხები, წვივები და კუდის ძირის ქვედა მხარე წითელია. ცვილანა მოწითალოა. **ზრდასრული დედალი:** თხემი და მუცლის მხარე სტაფილოსფერია. თვალებზე აქვს შავი "ნიღაბი". ცვილანა სტაფილოსფერია. **წლევანდულა:** ზურგის მხრის მოცისფრო-რუხი ბუმბულების არშიები მოწითალო-ჟანგისფერია. თხემი მოწითალო-ჟანგისფერია. შუბლი მკრთალია. მუცლის მხარე დაფარულია მოწითალო-ჟანგისფერი ღერძულა ლაქებით. ცვილანა არის ყვითელი ან მოყვითალო. **მსგავსი სახეობები:** წლევანდულა განსხვავდება მარჯანისგან მოწითალო-ჟანგისფერი თხემით, მკრთალი შუბლით და მოწითალო-ჟანგისფერი ღერძულა ლაქებით მუცლის მხარეზე. **ქცევა:** მსხვერპლს ძირითადად იჭერს მიწაზე. მწერებს ჰაერშიც იჭერს. ხშირად ნადირობს ჯგუფურად. ბუდობს კოლონიებად ყვავისნაირებთან ერთად. **ადგილსამყოფელო:** სტეპები, იქ სადაც ბუდობენ ყვავისნაირები. **საკვები**: მწერები, სხვა მცირე ზომის ცხოველები. **ბუდე**: ყვავის, ჭილყვავის ან კაჭკაჭის მიტოვებული ბუდე. **კვერცხები**: 3-6, 37 მმ. **კვერცხების დება**: მაისის ბოლო. **კრუხობა**: 22-27 დღე. **მართვეს ბუდეში ყოფნის პერიოდი**: 27-30 დღე. **გამრავლების დაწყების ასაკი**: 1-2 წელი.

SPEC 3

IUCN Europe: VU

Trend in Georgia: F

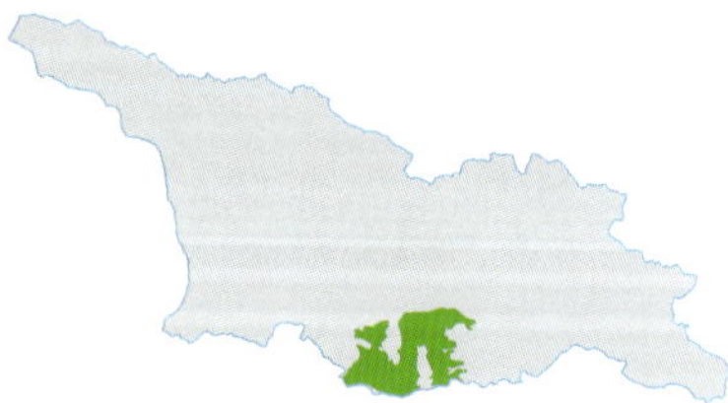

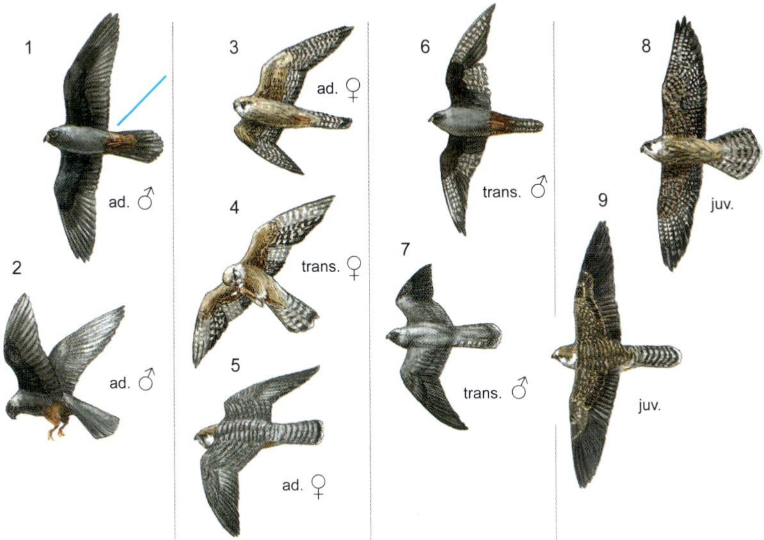

1. Ad. male dark overall. Red undertail and lower belly may not be easily visible.

2. Ad. male primaries appear silvery above. Hovers frequently like Kestrel, dropping to catch prey on ground.

3. Ad. female patterned flight-feathers and tail contrast orange coverts and body below. Note dark trailing of wings and tail.

4. Feeds on the wing like Hobby.

5. Ad. female overall banded above. Note orange on head.

6. Trans. male dark overall with retained barred juv. flight feathers.

7. Trans. male banded outer tail feathers.

8. Juv. heavily patterned below, dark trailing edge to wings comp. to Hobby. Kestrel-like silhouette.

9. Juv. banded tail above. Appearance of pale neck-band.

EURASIAN HOBBY
მარჯანი
Falco subbuteo subbuteo

Length: 30-36 cm. **Wingspan**: 82-92 cm. **Weight**: 130-340 g.
Population: 200-300 pairs
Small. Has a distinct <u>dark 'mustache' contrasting the white throat and cheeks</u>. Tarsus is not feathered. <u>Leg feathers and tail coverts below are red-brown</u>. **ADULT MALE**: Back is dark gray. Cere is yellow. **ADULT FEMALE**: **10%** Larger than male. Back is gray-brown. Cere is yellow. **JUVENILE**: <u>Pale forehead is spotted</u>. Cere is blue-gray or green-gray. Transitional birds show backs with mixed adult and juvenile feathering. **CONFUSING SPECIES**: Juvenile differs from juvenile Red-footed Falcon by darker forehead, longer 'mustache,' blackish streaks on breast and belly, and lack of banding to uppertail. **BEHAVIOR**: Almost never hovers. Takes prey mostly in the air, at times feeding on the wing. Breeding pairs are solitary. **HABITAT**: Wooded wetlands and sparse woodlands rich in large flying insects and swallows. Prefers flatland to rugged areas. **FOOD**: Insects, small birds. **NEST**: Old nests of tree-nesting birds such as jay, magpie, crow, and rook. **EGGS**: 3, 42-mm. **EGG LAYING**: Mid May. **INCUBATION**: 28-31 days. **FLEDGING**: 28-34 days. **MATURITY**: 1-2 years old.

სს: 30-36 სმ. **ფშ**: 82-92 სმ. **წ**: 130-340 გ.
რიცხოვნობა: 200-300 წყვილი
<u>აქვს კარგად გამოხატული "შავი ღაწვები", რომლებიც მკვეთრად ემიჯნებიან მოთეთრო ყელს</u>. <u>წვივები და კუდის ძირის ქვედა მხარე აგურისფერია</u>. **ზრდასრული მამალი:** ზურგის მხარე მუქი რუხია. ცვილანა ყვითელია. **ზრდასრული დედალი:** ზომით 10%-ით დიდია მამალზე. ზურგის მხარე მორუხო-ჟანგისფერია. ცვილანა იგივე ფერისაა რაც მამლის. **წლევანდულა:** <u>მკრთალი შუბლი დაწინწკლულია</u>. ცვილანა არის მოცისფრო-ნაცრისფერი ან მომწვანო-ნაცრისფერი. **მსგავსი სახეობები:** წლევანდულა განსხვავდება წლევანდულა წითელფეხა შავარდნისაგან მუქი შუბლით, გრძელი ღაწვებითა და მუცლის მხრის მოშავო ღერძულა ლაქებით. **ქცევა:** ჰაერში თითქმის არ ეკიდება. ძირითადად მსხვერპლს იჭერს ჰაერში. ბუდობს ცალკეულ წყვილებად. **ადგილსამყოფელო:** ტყიანი ადგილები, სადაც მოიპოვება უხვად დიდი ზომის მფრინავი მწერები და მერცხლები. ერიდება მჭიდრო ტყეებს, ვიწრო ალპურ ხეობებს და უტყეო ჭაობებს. **საკვები**: მწერები, მცირე ზომის ფრინველები. **ბუდე**: ხეზე მობუდარი სხვა სახეობის (უფრო ყვავისნაირების) მიტოვებული ბუდე. **კვერცხები**: 3, 42 მმ. **კვერცხების დება**: მაისის შუა რიცხვები. **კრუხობა**: 28-31 დღე. **მართვეს ბუდეში ყოფნის პერიოდი**: 28-34 დღე. **გამრავლების დაწყების ასაკი**: 1-2 წელი.

Non-SPEC

IUCN Europe: S

Trend in Georgia: ?

1. Ad. rather uniform below, evenly streaked throughout. Red-brown undertail and lower belly may appear dark without distinct color. Note swift-like silhouette.

2. Ad. gray above becoming darker towards outer wing. Bold head-pattern, glaring white cheeks, and pale spots on nape distinctive. Capable of impressive dives when pursuing swallows or swifts.

3. Juv. streaked below. Note bold head pattern and lack of dark trailing-edge to wings comp. to Red-Footed.

4. Juv. above lacks tail bands on a shorter tail comp. to Red-Footed. Note pointed wings.

5. Hobby against sky may appear rather dark overall. May be seen eating insects on the wing.

MERLIN
ალალი
Falco columbarius aesalon

Length: 25-30 cm. **Wingspan**: 50-62 cm. **Weight**: 125-300 g.
Smallest raptor in the region. Tarsus is not feathered. In flight, shows densely barred underwing. **ADULT MALE**: Back is blue-gray. Orange breast and belly are covered in dark streaks. Has a broad black terminal band. Cere is yellow. **ADULT FEMALE**: 10% larger than male. Body is brown-gray above, streaked below. Tail is boldly barred. Cere is yellow. **JUVENILE**: Cere is blue-yellow or green-yellow. **CONFUSING SPECIES**: Differs from Peregrine Falcon by smaller size and lack of broad dark 'mustache.' In flight, similar to Peregrine due to broad wing-base and compact proportions. Compare different flight behavior. **BEHAVIOR**: Swift and powerful. Flies low over ground. Takes birds both by surprise, and long aerial pursuits. Wing-beats fast and choppy compared to fluid flight of Peregrine. Aggressive, often chases raptors regardless of size during migration. **HABITAT**: Lowland steppe, semi-desert. Seen elsewhere on migration. **FOOD**: Small birds.

სს: 25-30 სმ. **ფშ**: 50-62 სმ. **წ**: 125-300 გ.
გალო არაა შემოსილი. ფრთის ქვედა მხარეზე მრავალრიცხოვანი განივი შავი ლაქებია. **ზრდასრული მამალი:** ზურგის მხარე მოცისფრო-რუხია. სტაფილოსფერი მუცლის მხარე დაფარულია შავი ღერძულა ლაქებით. კუდს აქვს შავი არშია. ცვილანა ყვითელია. **ზრდასრული დედალი:** ზომით 10%-ით დიდია მამალზე. სხეული მოყანგისფრო-რუხია. კუდი განივადაა დაზოლილი. ცვილანა იგივე ფერისაა რაც მამლის. **წლევანდულა:** ცვილანა არის მოცისფრო-ყვითელი ან მომწვანო-ყვითელი. **მსგავსი სახეობები:** დედალი ალალი შავარდნისგან განსხვავებით მცირე ზომისაა და არ აქვს სქელი შავი "ღაწვები". **ქცევა:** ძალიან მოძრავი და შეუპოვარი მტაცებელია. დაფრინავს სწრაფად, დაბალ სიმაღლეზე და მოულოდნელად ესხმის თავს ფრინველებს. **ადგილსამყოფელო:** ბარის სტეპები, ნახევარუდაბნოები. სეზონური გადაფრენისას გვხვდება სხვა ადგილებშიც. **საკვები**: მცირე ზომის ფრინველები.

Non-SPEC

IUCN Europe: S

Trend in Georgia: ?

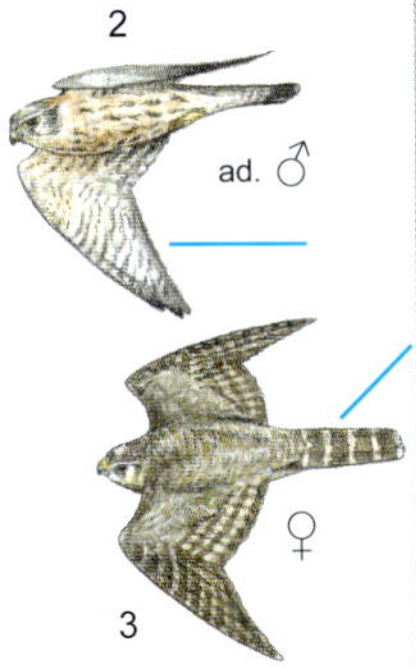

1. Ad. male, bluish gray above. Note black tail band. Male noticeably smaller than female. Typical Merlin flies with fast wing-beats and darting speed. Chases bird prey in abrupt aerial pursuits often low near ground.

2. Male light below with rusty tones and sparse dark streaks on breast and belly. On migration short glides after long stretches of quick energetic flapping.

3. Females and juvs. above brown-gray with barred flight-feathers and tail.

4. Female and juvs. heavily spotted beneath with bold barring to flight-feathers and tail. Small and compact with broad wing base, silhouette at times recalling Peregrine despite being smallest falcon.

PEREGRINE FALCON
შავარდენი
Falco peregrinus brookei

Length: 36-48 cm. **Wingspan**: 95-110 cm. **Weight**: 445-920 g.
Population: 60-70 pairs
Medium-sized. Broad dark 'mustache' distinct. Tarsus is not feathered. **ADULT MALE**: Back and head are blue-black. Pale brown belly is barred. Cere is yellow. **ADULT FEMALE**: Darker and 15% larger than male. Cere is yellow. **JUVENILE**: Back is dark brownish. Pale brown belly is covered in dark streaks. Cere is blue-white or blue-green. **CONFUSING SPECIES**: Differs from Saker and Lanner Falcons by more distinct 'mustache' and uniformly dark underwing. **BEHAVIOR**: Fastest animal on earth. Swoops down at very high speed and strikes prey in air. Hardly ever takes prey on ground. Breeding pairs are solitary. **HABITAT**: Rugged woodlands rich in cliffs and open areas. Seen elsewhere on migration. **FOOD**: Birds. **NEST**: Cavity on cliff, buildings, or other man-made constructions. Also uses old nests of other birds such as raven on cliff or in tree. **EGGS**: 3-4, 52-mm. **EGG LAYING**: Mid March. **INCUBATION**: 29-32 days. **FLEDGING**: 35-42 days. **MATURITY**: 2 years old.

სს: 36-48 სმ. **ფშ**: 95-110 სმ. **წ**: 445-920 გ.
რიცხოვნობა: 60-70 წყვილი
მუქი "ლაწვები" კარგადაა გამოკვეთილი და მკვეთრად ემიჯნება მოთეთრო ყელს. მკრთალი სტაფილოსფერი მუცლის მხარე განივი მუქი ლაქებითაა დაფარული. **ზრდასრული მამალი:** ზურგის მხარე და თავი მუქი ცისფერია. ცვილანა ყვითელია. **ზრდასრული დედალი:** ზომით 15%-ით დიდია მამალზე და უფრო მუქია. ცვილანა იგივე ფერისაა რაც მამლის. **წლევანდული:** ზურგის მხარე მუქი ჟანგისფერია. მკრთალი ჟანგისფერი მუცლის მხარე ღერძულა მუქი ლაქებითაა დაფარული. ცვილანა არის მოცისფრო-თეთრი ან მოცისფრო მწვანე. **მსგავსი სახეობები:** ბარისაგან და წითელთავა შავარდნისგან განსხვავდება უფრო გამოკვეთილი "ლაწვებით", თანაბრად მუქი ფრთის ქვედა მხრითა და კუდის მუქი კიდით. **ქცევა:** მსხვერპლს ძალიან დიდი სიჩქარით ესხმის თავს ჰაერში. მიწაზე არ ნადირობს. ბუდობს ცალკეულ წყვილებად. **ადგილსამყოფელო:** ბარის მინდვრები ან სუბალპური და ალპური მდელოები კლდიანი ტყეების მახლობლად. **საკვები**: ფრინველები. **ბუდე**: ღრმული ან ნაპრალი კლდეზე ან ადამიანის მიერ აგებულ მსგავს კონსტრუქციაზე. შესაძლებელია სხვა მტაცებლის მიტოვებული ბუდეც. **კვერცხები**: 3-4, 52 მმ. **კვერცხების დება**: მარტის შუა რიცხვები. **კრუხობა**: 29-32 დღე. **მართვეს ბუდეში ყოფნის პერიოდი**: 35-42 დღე. **გამრავლების დაწყების ასაკი**: 2 წელი.

Non-SPEC

IUCN Europe: S

Trend in Georgia: 0

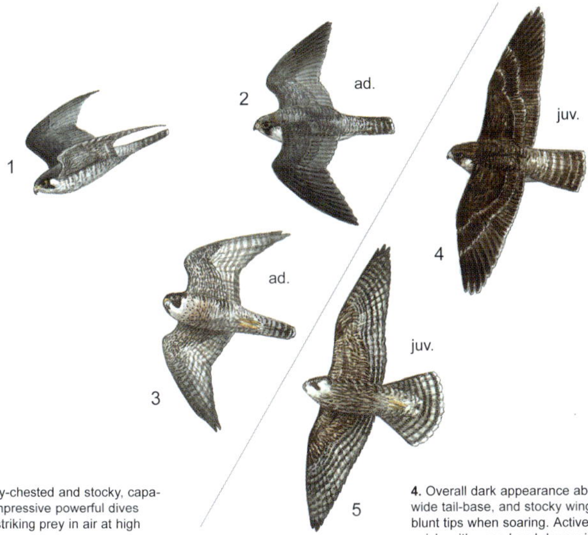

1. Heavy-chested and stocky, capable of impressive powerful dives before striking prey in air at high velocity.

2. Dark blue-gray back lacks warm tones. Darker outer-wings and banded tail contrast pale tail-base.

3. Below, evenly barred throughout. Note stocky, compact form with broad wing-base and shortish tail.

4. Overall dark appearance above. Note wide tail-base, and stocky wings with blunt tips when soaring. Active flight quick, with paced and deep wing-beats compared to heavier Lanner, or choppier Merlin.

5. Juv. below, evenly dark streaked throughout.

6. Ad. *"brookei"* variable, but generally dark with warm tones. Head pattern usually conceals small cheek patch, but can be black-headed. Rusty nape may extend to crown, recalling Lanner.

7. Very pale birds may be of a different origin, but possible for *"brookei."*

8. Juv. head pattern, dark rusty tones. Note broad mustache, comp. Lanner and Saker.

LANNER FALCON
წითელთავა შავარდენი
Falco biarmicus feldeggii

Length: 34-50 cm. **Wingspan**: 90-115 cm. **Weight**: 500-900 g.
Population: 1-3 pairs
Medium-sized. Dark 'mustache' is narrow. Back is brown-gray. Whitish belly is barred dark. Tarsus is not feathered. **ADULT MALE**: Streaked crown and nape are reddish. Cere is yellow. **ADULT FEMALE**: 15% larger than male. Crown and nape are pale reddish. Cere is yellow. **JUVENILE**: Back is dark brown. Pale brown belly is streaked. Leg feathers are poorly spotted and appear whitish when perched or flying. Cere is blue-green. **CONFUSING SPECIES**: See Saker and Peregrine Falcons. **BEHAVIOR**: Takes prey both on ground and in air. Breeding pairs are solitary. **HABITAT**: Cliffy semi-desert and lowland steppe. **FOOD**: Birds, other small vertebrates, insects. **NEST**: Cavity on cliff. Also uses old nests of other birds on cliff or in tree. **EGGS**: 3-4, 50-mm. **EGG LAYING**: Second half of March. **INCUBATION**: 32-35 days. **FLEDGING**: 44-46 days. **MATURITY**: Unknown.

სს: 34-50 სმ. **ფშ**: 90-115 სმ. **წ**: 500-900 გ.
რიცხოვნობა: 1-3 წყვილი
გალო არაა შემოსილი. მუქი "ღაწვები" ვიწროა. თეთრი მუცლის მხარე დაფარულია განივი მუქი ლაქებით. ზურგის მხარე მოჟანგისფრო-ცისფერია. **ზრდასრული მამალი:** ღერძულა ლაქებით დაფარული თხემი და კეფა მოწითალოა. ცვილანა ყვითელია. **ზრდასრული დედალი:** ზომით 15%-ით დიდია მამალზე. თხემი და კეფა მკრთალი წითელია. ცვილანა იგივე ფერისაა რაც მამლის. **წლევანდულა:** ზურგის მხარე მუქი ჟანგისფერია. მკრთალი ჟანგისფერი მუცლის მხარე ღერძულა მუქი ლაქებითაა დაფარული. წვივები თითქმის ულაქოა და თეთრად ჩანს როგორც ჯდომისას, ისე ფრენისას. ცვილანა მოცისფრო-მწვანეა. **მსგავსი სახეობები:** იხ. ბარი და შავარდენი. **ქცევა:** მსხვერპლს იჭერს როგორც ჰაერში ისე მიწაზე. ბუდობს ცალკეულ წყვილებად. **ადგილსამყოფელო:** მშრალი ნათელი ტყეები, ნახევარუდაბნოები, ბარის სტეპები. **საკვები**: ფრინველები, სხვა მცირე ზომის ხერხემლიანები, მწერები. **ბუდე**: ღრმული ან ნაპრალი კლდეზე. შესაძლებელია სხვა მტაცებლის მიტოვებული ბუდეც ხეზე ან კლდეზე. **კვერცხები**: 3-4, 50 მმ. **კვერცხების დება**: მარტის მეორე ნახევარი. **კრუხობა**: 32-35 დღე. **მართვეს ბუდეში ყოფნის პერიოდი**: 44-46 დღე. **გამრავლების დაწყების ასაკი**: უცნობია.

SPEC 3

IUCN Europe: VU

Trend in Georgia: 0

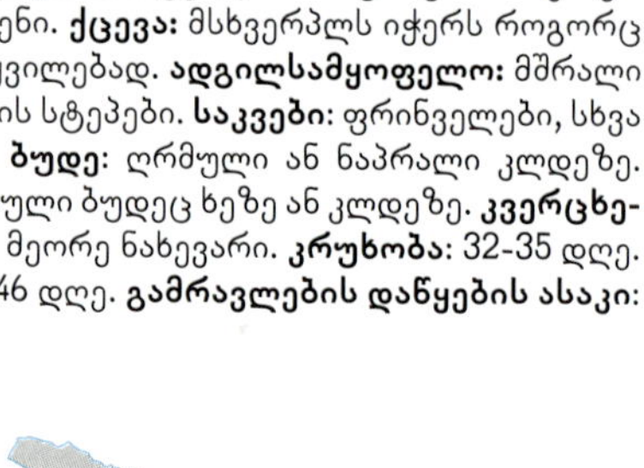

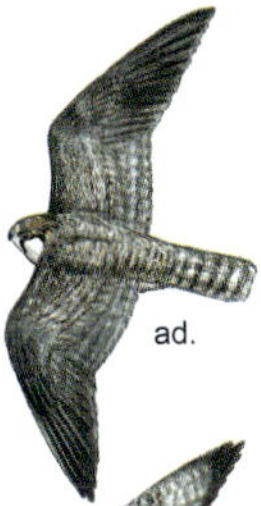

2 ad.

4 juv.

5 juv.

1

3 ad.

1. Slender form in flight, at times Kestrel-like with long tail and finely-tapered wings.

2. Note grayish back and bold head pattern. Warm tones often visible.

3. Light body with dark barring concentrated on flanks, belly, and greater underwing coverts. Comp. light flight-feathers to heavily marked Peregrine.

4. Extremely similar to juv. Saker, note dark head pattern and narrower tail-base.

5. Separated from juv. Saker by light legs, and overall light flight-feathers.

6 ad.

6. Ads. variable. Some birds show warm tones to underbody, others are whitish. Brown feathering on back and scapulars often present due to molt. Note dark head pattern variant, comp. to Peregrine.

ad.

7 juv.

7. Juv. head pattern, crown streaking often concentrated near forehead. Note unbroken mustache reaching eye. When perched, primary tips extend near tail-end in all plumages.

SAKER FALCON
გავაზი (ბარი)
Falco cherrug cherrug

Length: 45-55 cm. **Wingspan**: 102-126 cm. **Weight**: 730-1300 g.
Population: 1-3 pairs
Medium-sized. Largest falcon in the region. Sexes do not differ in size and coloration. Tarsus is not feathered. **ADULT**: 'Mustache' is pale. Back is brownish. Cere is yellow. In flight, pale head contrasts with rest of body. **JUVENILE**: 'Mustache' is more distinct. Streaks on pale brown breast and belly are longer. Cere is blue-gray. **CONFUSING SPECIES**: Differs from Peregrine and Lanner Falcons by distinctive pale head, brownish back, and streaked belly. Juvenile differs from juvenile Lanner Falcon by heavily spotted leg feathers. **BEHAVIOR**: Often flies low and takes prey on ground. Breeding pairs are solitary. **HABITAT**: Lowland steppe, semi-desert. Seen elsewhere on migration. **FOOD**: Small mammals and birds. **NEST**: Cavity on cliff. Also uses old nests of other birds on cliff or in tree. **EGGS**: 3-5, 54-mm. **EGG LAYING**: Second half of March. **INCUBATION**: 28-30 days. **FLEDGING**: 40-45 days. **MATURITY**: 2 years old.

სს: 45-55 სმ. **ფშ**: 102-126 სმ. **წ**: 730-1300 გ.
რიცხოვნობა: 1-3 წყვილი
ზომაში და შეფერილობაში სქესთა შორის განსხვავება არაა. გალო არაა შემოსილი. **ზრდასრული:** ზურგის მხარე ჟანგისფერია. ღია ფერის თავი მკვეთრად ემიჯნება მუქ სხეულს. ღაწვები მკრთალია. ცვილანა ყვითელია. **წლევანდულა:** "ღაწვები" უფრო გამოკვეთილია. მკრთალი ჟანგისფერი მუცლის მხარე უფრო გრძელი ღერძულა მუქი ლაქებითაა დაფარული. ცვილანა მოცისფრო-ნაცრისფერია. **მსგავსი სახეობები:** ზრდასრული შავარდნისგან და წითელთავა შავარდნისგან განსხვავდება გამოკვეთილი ღია ფერის თავით, ჟანგისფერი ზურგის მხრითა და ღერძულ ლაქებიანი მუცლის მხრით. წლევანდულა განსხვავდება წლევანდულა წითელთავასგან ხშირი მუქი ლაქებით წვივებზე (წითელთავას წვივები ულაქოა და თეთრად ჩანს). **ქცევა:** ძირითადად დაფრინავს დაბალ სიმაღლეზე და მსხვერპლს თავს ესხმის მიწაზე. ბუდობს ცალკეულ წყვილებად. **ადგილსამყოფელო:** მშრალი ნათელი ტყეები, ნახევარუდაბნოები, ბარის სტეპები. სეზონური გადაფრენისას გვხვდება სხვა ადგილებშიც. **საკვები**: მცირე ზომის ცხოველები, ფრინველები. **ბუდე**: ღრმული ან ნაპრალი კლდეზე. შესაძლებელია სხვა მტაცებლის მიტოვებული ბუდეც ხეზე ან კლდეზე. **კვერცხები**: 3-5, 54 მმ. **კვერცხების დება**: მარტის მეორე ნახევარი. **კრუხობა**: 28-30 დღე. **მართვეს ბუდეში ყოფნის პერიოდი**: 40-45 დღე. **გამრავლების დაწყების ასაკი**: 2 წელი.

SPEC 1

IUCN Europe: EN

Trend in Georgia: 0

1. Warm-brown back and dark outer wing. Head usually the palest feature above. Appears longer-winged and shorter-tailed comp. to Lanner.

2. Boldly streaked body. Dark belly variable. Dense black spotting on underwing coverts contrasts with light flight-feathers.

3. Extremely similar to juv. Lanner, but note paler head, wider tail-base and longer wing proportion. Heavier and slower flight than other large falcons, yet capable of surprisingly fast dives, often nearly scraping hill-side as it approaches prey.

4. Separated from juv. Lanner by overall dark legs and belly, and darker inner secondaries.

5. Adult mustache variable, though generally fine and streaked. The mustache is usually broken before reaching the eye.

6. Juv. head pattern varies individually. The streaking of crown is usually evenly pale, though darker birds similar to Lanner. Note broken mustache before reaching eye, thicker in some. When perched, primary tips fall short of tail-end in all plumages.

Barn Owl
ბუხრინწა
Tyto alba

Length: 33–35 cm. **Wingspan**: 85–93 cm. **Weight**: 240–350 g.
Population: Unknown
Medium-sized, long-legged owl. Black eyes are set in white heart-shaped face. Has mottled pale gray upperparts and off-white to buff underparts. **CONFUSING SPECIES**: Distinctly differs from other owls, predominantly by long legs and heart-shaped face. **BEHAVIOR**: Nocturnal. Hunts mostly in a low searching flight, rising and then falling with a pause before dropping onto prey. Gives brief piercing screeches. Display call given mostly in flight sounds like 'shrrreeeeeeee'. **HABITAT**: Flat open areas and farmlands with ditches and ponds, where snow cover is brief. **FOOD**: Mostly mice, voles, and shrews, also small birds, frogs, and toads. **NEST:** Holes and cavities in trees, buildings, or cliffs. **EGGS:** 2–14, 40-mm. **EGG LAYING**: March/early April to August. **INCUBATION**: 30–31 days. **FLEDGING**: 50–55 days, but young may leave nest before fledging and hide away from it. **MATURITY**: 1-2 years old.

სს: 33-35 სმ. **ფშ**: 85-93 სმ. **წ**: 240-350 გ.
რიცხოვნობა: უცნობია.
საშუალო ზომის ბუა, რომელსაც აქვს გრძელი ფეხები, შავი თვალები და გულის ფორმის სახე. მკრთალი ნაცრისფერი ზურგის მხარე დაწინწკლულია, მუცლის მხარე კი მოთეთრო. **მსგავსი სახეობები**: სხვა ბუებისგან აშკარად გამოირჩევა. **ქცევა**: მელამურია. ნადირობისას დაფრინავს მიწასთან ახლოს. სანამ მსხვერპლს თავს დაესხმება, ჯერ ზემოთ აიწევს და შემდეგ პატარ-პატარა პაუზებით ეშვება მიწისკენ. გამოსცემს მოკლე გამჭოლ ხმებს. იძახის 'შრიიიიიიიი', რომელსაც გამოსცემს ძირითადად ფრენისას. **ადგილსამყოფელო**: არხებითა და ტბორებით მდიდარი ვაკე ღია ადგილები და სასოფლო-სამეურნეო სავარგულები, განსაკუთრებთ იქ, სადაც თოვლის საფარი ხანმოკლეა. **საკვები**: ძირითადად თაგვები, მემინდვრიები, ბიგები, აგრეთვე მცირე ზომის ფრინველები, ბაყაყები და გომბეშოები. **ბუდე**: კლდისა და შენობების ხვრელები, ხის ფუღურო. **კვერცხ-ები**: 2-14, 40 მმ. **კვერცხების დება**: მარტი/ადრეული აპრილიდან აგვისტომდე. **კრუხობა**: 30-31 დღე. **მართვეს ბუდეში ყოფნის პერიოდი**: 50-55 დღე, თუმცა მართვეებმა უფრო ადრეც შეიძლება დატოვონ ბუდე და მის მოშორებით მოკალათდნენ ფრენის დაწყებამდე. **გამრავლების დაწყების ასაკი**: 1-2 წელი.

SPEC 3

IUCN Europe: D

Trend in Georgia: N

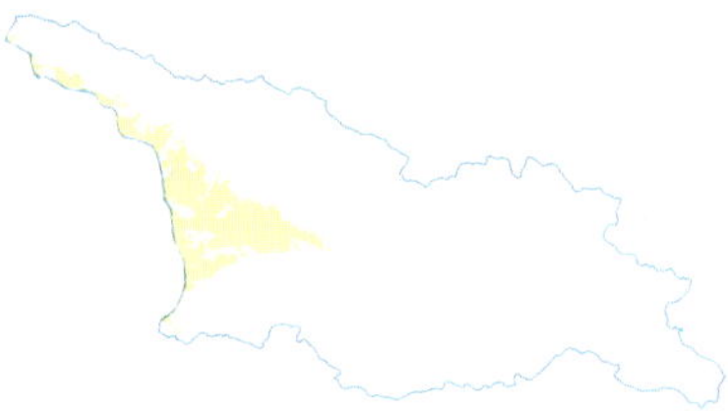

May nest in human constructions such as old barns.

Flies low ready to drop on prey, often dangling legs below.

COMMON SCOPS-OWL (EURASIAN SCOPS-OWL)
წყრომი
Otus scops scops

Length: 19-20 cm. **Wingspan**: 53-63 cm. **Weight**: 83-100 g.
Population: Unknown
Small. Has ear tufts, but these may not be visible when relaxed. Black streaks on breast and belly are narrow. Overall plumage may be tinged either red-brown or gray. Iris is yellow. **CONFUSING SPECIES:** Differs from Little Owl by ear tufts, narrower streaks, and slimmer body. **BEHAVIOR:** Nocturnal. Migratory. Call is repeated every few seconds and sounds like a clear low-pitched human whistle. Female whistle is slightly higher-pitched, often heard responding to male from a distance. **HABITAT:** Woodlands, parks, orchards. **FOOD:** Insects, small mammals. **NEST:** Hole in tree or in building; old nests of other birds, especially crows. **EGGS:** 3-5, 32-mm. **EGG LAYING**: May. **INCUBATION**: 24-25 days. **FLEDGING**: 21-29 days. **MATURITY**: Unknown.

სს: 19-20 სმ. **ფშ**: 53-63 სმ. **წ**: 83-100 გ.
რიცხოვნობა: უცნობია.
თავზე აქვს გრძელი საყურე ბუმბულები. მკერდსა და მუცელზე არსებული შავი შტრიხები ვიწროა. გუგა ყვითელია. **მსგავსი სახეობები**: ჭოტისაგან განსხვავდება საყურე ბუმბულებით, უფრო ვიწრო შტრიხებითა და სუსტი სხეულით. **ქცევა**: მეღამური ფრინველია. ხმა, რომელსაც გამოსცემს ყოველ რამდენიმე წამში, წააგავს ადამიანის ყრუ სტვენას. **ადგილსამყოფელო**: ტყეები, ტყე-პარკები, ხეხილის ბაღები. **საკვები**: მწერები, მცირე ზომის ძუძუმწოვრები და ფრინველები. **ბუდე**: ხის ფუღურო ან ხვრელი შენობის კედელში, სხვა ფრინველების მიტოვებული ბუდეები, განსაკუთრებით ყვავების. **კვერცხები**: 3-5, 32 მმ. **კვერცხების დება**: მაისი. **კრუხობა**: 24-25 დღე. **მართვეს ბუდეში ყოფნის პერიოდი**: 21-29 დღე, თუმცა მართვეებმა უფრო ადრეც შეიძლება დატოვონ ბუდე და მის მოშორებით მოკალათდნენ ფრენის დაწყებამდე. **გამრავლების დაწყების ასაკი**: უცნობია.

SPEC 2

IUCN Europe: H

Trend in Georgia: ?

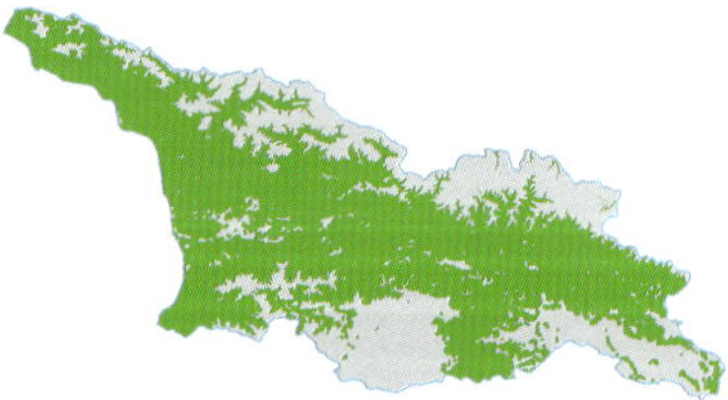

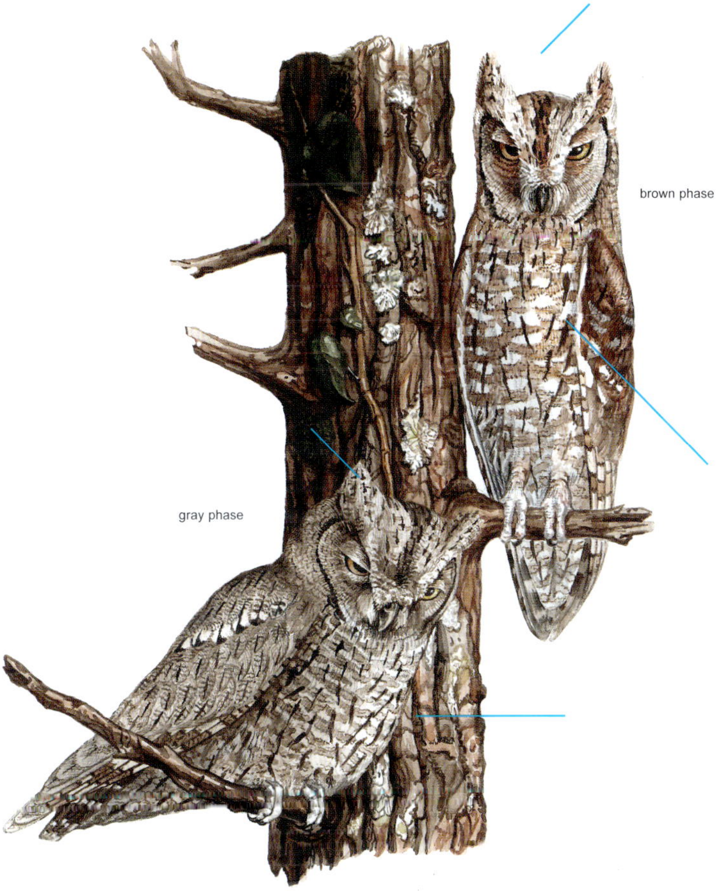
brown phase
gray phase

EURASIAN EAGLE-OWL
ზარნაშო
Bubo bubo interpositus

Length: 60-75 cm. **Wingspan**: 160-188 cm. **Weight**: 1500-3000 g.
Population: Unknown
Large powerful owl with <u>big ear tufts</u> and <u>orange irises</u>. **ADULT**: Broad black streaks on breast. **JUVENILE**: Has neither ear tufts nor broad black streaks on breast. **CONFUSING SPECIES**: Differs from other owls by obviously larger size and longer claws. **BEHAVIOR**: Nocturnal. Call, repeated monotonously at intervals of 8–10 seconds, sounds like a deep, soft ‘buho,’ or ‘oohu’, audible up to 1.5 km. **HABITAT**: Widespread. More often found in areas rich in canyons. **FOOD**: Small to medium-sized birds and mammals. **NEST:** Cave or ledge of cliff, cavity on ground, or old nests of other large-sized birds such as Long-legged Buzzard, Lammergeier, and Griffon Vulture. **EGGS:** 2-4, 60-mm. **EGG LAYING**: Early December to mid-March. **INCUBATION**: 34-36 days. **FLEDGING**: 50-60 days, but young may leave nest before fledging and hide away from it. **MATURITY**: 2-3 years old.

სს: 60-75 სმ. **ფშ**: 160-188 სმ. **წ**: 1500-3000 გ.
რიცხოვნობა: უცნობია.
დიდი ზომის, მძლავრი აღნაგობის ბუ, რომელსაც აქვს <u>გრძელი საყურე ბუმბულები</u> და <u>სტაფილოსფერი გუგები</u>. **ზრდასრული**: მკერდზე აქვს განიერი შავი შტრიხები. **წლევანდულა**: არ აქვს საყურე ბუმბულები და განიერი შავი შტრიხები მკერდზე. **მსგავსი სახეობები**: სხვა ბუებისგან განსხვავდება აშკარა დიდი ზომითა და გრძელი ბრჭყალებით. **ქცევა**: მეღამურია. იძახის ‘უუჰუ’, რომელიც მეორდება ყოველ 8-10 წამში და ისმის 1.5 კმ-მდე. **ადგილსამყოფელო**: ძირითადად ხრამებით მდიდარი მეჩხერ-ტყიანი ადგილები. **საკვები**: მცირე და საშუალო ზომის ფრინველები და ძუძუმწოვრები. **ბუდე**: კლდის გამოქვაბული, ნაპრალი, ხის ფუღურო, ჩაღრმავება მიწაზე ან სხვა ფრინველების ძველი ბუდეები, მაგალითად ველის კაკაჩას, ბატკანძერის და ორბის. **კვერცხები**: 2-4, 60 მმ. **კვერცხების დება**: ადრეული დეკემბრიდან შუა მარტამდე. **კრუხობა**: 34-36 დღე. **მართვეს ბუდეში ყოფნის პერიოდი**: 50-60 დღე, თუმცა მართვეებმა უფრო ადრეც შეიძლება დატოვონ ბუდე და მის მოშორებით მოკალათდნენ ფრენის დაწყებამდე. **გამრავლების დაწყების ასაკი**: 2-3 წელი.

SPEC 3

IUCN Europe: H

Trend in Georgia: ?

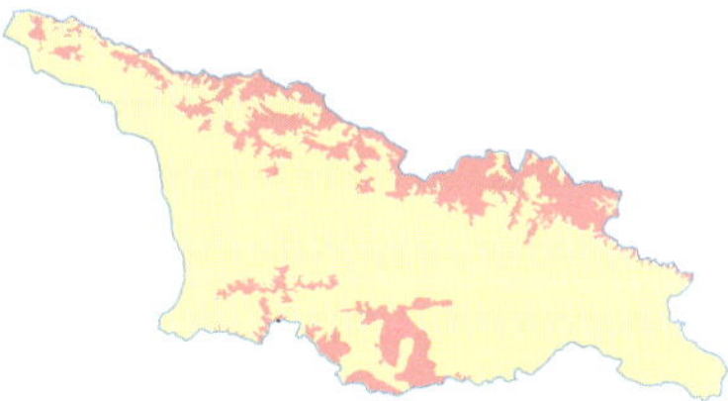

ad.

fledgeling

LITTLE OWL
ჭოტი
Athene noctua indigena

Length: 21-23 cm. **Wingspan**: 54-58 cm. **Weight**: 162-260 g.
Population: Unknown
Small. Head is rounded and spotted. Has distinctive long legs. White breast and belly are covered with broad brown streaks. **CONFUSING SPECIES**: See Eurasian Scops and Boreal Owls. **BEHAVIOR**: Nocturnal but often seen during daylight. Has undulating flight. Call sounds like a drawn-out ‘goooek’ that rises slightly but sharply in pitch at the end. **HABITAT**: Widespread but prefers open areas and avoids high elevations. **FOOD**: Small mammals and birds, insects. **NEST**: Hole in cliff, building, tree, or ground. **EGGS**: 2-7, 34-mm. **EGG LAYING**: Late March. **INCUBATION**: 27-28 days. **FLEDGING**: 30-35 days but young may leave nest before fledging and hide in surrounding branches or vegetation. **MATURITY**: 1 year old.

სს: 21-23 სმ. **ფშ**: 54-58 სმ. **წ**: 162-260 გ.
რიცხოვნობა: უცნობია.
თავი მრგვალი და დაწინწკლულია. ტანთან შედარებით აქვს გრძელი ფეხები. თეთრი მკერდი და მუცელი დაფარულია განიერი მურა შტრიხებით. **მსგავსი სახეობები**: იხ. წყრომი და ბუკიოტი. **ქცევა**: მღამურია მაგრამ ხშირად დღისითაც გვხვდება. ფრენის მიმართულება არასწორხაზოვანი, ტალღისებურია. იძახის ‘გუუუუიკ’, რაც ბოლოვდება მკვეთრად მაღალი ტონით. **ადგილსამყოფელო**: უპირატესობას ანიჭებს ღია ადგილებს ბარში. **საკვები**: მცირე ზომის ძუძუმწოვრები და ფრინველები, მწერები. **ბუდე**: მიწის სორო, კლდის ან შენობის ხვრელი, ხის ფუღურო. **კვერცხები**: 2-7, 34 მმ. **კვერცების დება**: გვიანდელი მარტის ბოლო. **კრუხობა**: 27-28 დღე. **მართვეს ბუდეში ყოფნის პერიოდი**: 30-35 დღე, თუმცა მართვეებმა უფრო ადრეც შეიძლება დატოვონ ბუდე და მის მოშორებით მოკალათდნენ ფრენის დაწყებამდე. **გამრავლების დაწყების ასაკი**: 1 წელი.

SPEC 3

IUCN Europe: D

Trend in Georgia: ?

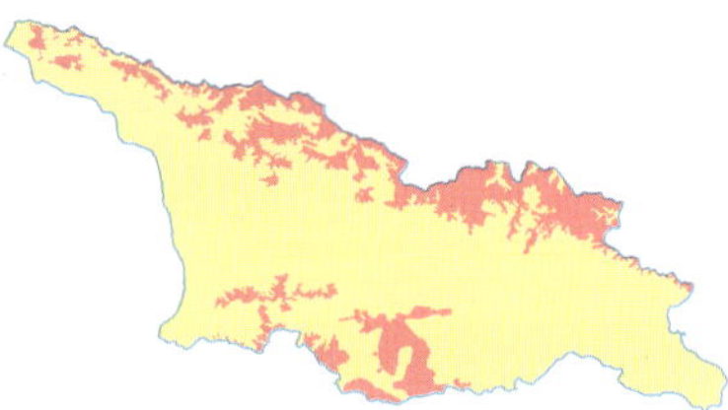

juv.
ad.

TAWNY OWL
ტყის ბუ
Strix aluco willkonskii

Length: 37-39 cm. **Wingspan**: 94-104 cm. **Weight**: 500-580 g.
Population: Unknown
Medium-sized. Has rounded head with dark eyes. Breast and belly have broad dark streaks. Overall color may be rather gray, or reddish, with much variability. Dark race is dark red-brown overall with gray bill. White spots on upperwing and scapulars form distinct pale bands on otherwise brownish back. **CONFUSING SPECIES:** Despite size, compact form may resemble that of smaller owls. Both 'eared' owls are similar in size but show distinct facial patterns and lack dark eyes. Barn Owl also has dark eyes, but is very different in form and plumage. **BEHAVIOR:** Nocturnal. Call starts with a 'hooo', then pauses for 2–3 seconds before resuming abruptly with a 'hu', followed almost at once by prolonged, resonant 'huhuhuhooo'. **HABITAT:** Woodlands. **FOOD:** Small mammals and birds. **NEST:** Cavity in tree or old nests of other birds. **EGGS:** 2-5, 47-mm. **EGG LAYING**: Late February. **INCUBATION**: 28-30 days. **FLEDGING**: 32-37 days, but young leave nest before fledging and hide in surrounding branches. **MATURITY**: 1-2 years old.

სს: 37-39 სმ. **ფშ**: 94-104 სმ. **წ**: 500-580 გ.
რიცხოვნობა: უცნობია.
აქვს მომრგვალებული თავი და მუქი თვალები. მკერდი და მუცელი დაფარულია განიერი მუქი შტრიხებით. ზურგის ნაწილი და ფრთის ზედა მხარე დაწინწკლულია თეთრად. მუქი რასის წარმომადგენელი მთლიანად მოწითალო-მურაა და აქვს ნაცრისფერი ნისკარტი. **მსგავსი სახეობები**: სხვა ბუებისგან განსხვავდება მრგვალი თავითა და შავი თვალებით. **ქცევა**: მეღამურია. ჯერ იძახის 'ჰუუუუ', შემდეგ აკეთებს 2-3 წამიან პაუზას, რომელსაც მოყვება მკვეთრი 'ჰუ' და გრძელი 'ჰუჰუჰუჰუუუუ'. **ადგილსამყოფელო**: ტყეები. **საკვები**: მცირე ზომის ძუძუმწოვრები და ფრინველები. **ბუდე**: ხის ფუღურო ან სხვა ფრინველების ძველი ბუდეები. **კვერცხები**: 2-5, 47 მმ. **კვერცხების დება**: გვიანდელი თებერვალის ბოლო. **კრუხობა**: 28-30 დღე. **მართვეს ბუდეში ყოფნის პერიოდი**: 32-37 დღე, თუმცა მართვეებმა უფრო ადრეც შეიძლება დატოვონ ბუდე და მის მოშორებით მოკალათდნენ ფრენის დაწყებამდე. **გამრავლების დაწყების ასაკი**: 1-2 წელი.

Non-SPEC

IUCN Europe: S

Trend in Georgia: ?

red phase

gray phase

LONG-EARED OWL
ოლოლი (ყურებიანი ბუ)
Asio otus otus

Length: 35-37 cm. **Wingspan**: 90-100 cm. **Weight**: 151-370 g.
Population: Unknown
Medium-sized. Ear tufts are long, but these may not be visible when relaxed. Brownish facial discs have black outline. Breast and belly are broadly streaked. Iris is orange. **CONFUSING SPECIES:** Differs from Short-eared Owl by longer ear tufts, facial disc color, and orange iris. **BEHAVIOR:** Nocturnal. Call represented by a slow series of evenly-spaced, long-drawn, low cooing 'oo' or 'hu' sounds, soft yet audible up to 1 km. **HABITAT:** Sparse woodlands, parks. **FOOD:** Small mammals and birds. **NEST:** Cavity in tree, or old nests of other birds such as jay, crow, and magpie. **EGGS:** 3-6, 42-mm. **EGG LAYING**: Early March. **INCUBATION**: 25-30 days. **FLEDGING**: 30-40 days, but young leave nest earlier. **MATURITY**: 1 year old.

სს: 35-37 სმ. **ფშ**: 90-100 სმ. **წ**: 151-370 გ.
რიცხოვნობა: უცნობია.
საყურე ბუმბულები გრძელია. აქვს სახის მოყავისფრო დისკები, რომლებსაც არტყია შავი ზოლი. მკერდი და მუცელი დაფარულია განიერი შტრიხებით. გუგა სტაფილოსფერია. **მსგავსი სახეობები:** ჭაობის ბუსგან განსხვავდება გრძელი საყურე ბუმბულებით, სახის მოყავისფრო დისკებითა და სტაფილოსფერი გუგით. **ქცევა:** მღამურია და იძახის 'უუუუუ' ან 'ჰუუუუ', რაც ისმის 1 კმ-ზე. **ადგილსამყოფელო**: მეჩხერი ტყეები, ტყე-პარკები. **საკვები**: მცირე ზომის ძუძუმწოვრები და ფრინველები. **ბუდე**: სხვა ფრინველების ძველი ბუდეები - მაგალითად ჩხიკვის, ყვავის და კაჭკაჭის, ან ხის ფუღურო. **კვერცხები**: 3-6, 42 მმ. **კვერცხების დება**: ადრეული მარტი. **კრუხობა**: 25-30 დღე. **მართვეს ბუდეში ყოფნის პერიოდი**: 30-40 დღე, თუმცა მართვეებმა უფრო ადრეც შეიძლება დატოვონ ბუდე და მის მოშორებით მოკალათდნენ ფრენის დაწყებამდე. **გამრავლების დაწყების ასაკი**: 1 წელი.

Non-SPEC

IUCN Europe: S

Trend in Georgia: ?

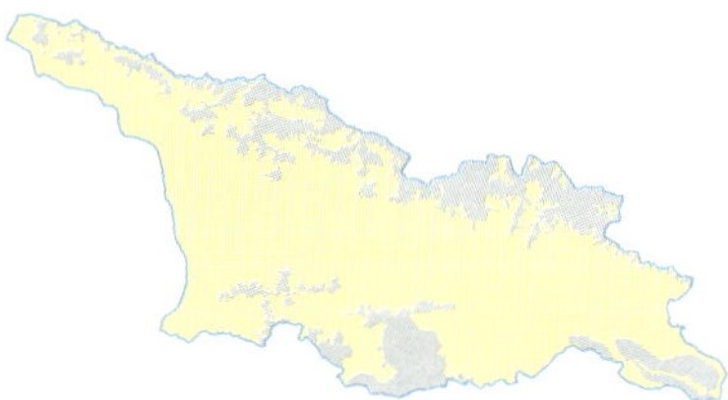

upperwing

Long ear tufts may not be visible when relaxed.

In flight below, finely banded pale wings. Note carpal arch. When camouflaged, ear tufts erect and posture slender.

SHORT-EARED OWL

ჭაობის ბუ

Asio flammeus flammeus

Length: 37-39 cm. **Wingspan**: 95-110 cm. **Weight**: 260-425 g.
Population: Unknown

Medium-sized. Ear tufts are short and may not be visible when relaxed. Dark patches frame eyes, contrasting the yellow irises. Long wings have dark carpal patches and dark tips. Yellow bands extend from upper primaries across secondaries. Breast and belly are streaked. **CONFUSING SPECIES:** Differs from Long-eared Owl by shorter ear tufts, facial disc color, and yellow iris. **BEHAVIOR:** Usually seen hunting at dawn and dusk. Often flies low over ground, with wings held forward in a shallow V. Hunting style resembles that of harriers. Call sounds like a 'boo-boo-boo-boo', resembling distant puffing of steam engine. **HABITAT:** Open wetlands, grassland, and steppe. **FOOD:** Small mammals and birds, invertebrates. **NEST:** Shallow depression on ground lined with vegetation. **EGGS:** 4-8, 40-mm. **EGG LAYING**: April. **INCUBATION**: 24-29 days. **FLEDGING**: 24-27 days, but young leave nest earlier. **MATURITY**: 1 year old.

სს: 37-39 სმ. **ფშ**: 95-110 სმ. **წ**: 260-425 გ.
რიცხოვნობა: უცნობია.

საყურე ბუმბულები მოკლეა. თვალის უბეები შავია. გუგა ყვითელია. აქვს გრძელი ფრთები. ფრთის მუქი კუთხე და მკრთალი ყვითელი ზოლები პირველად მომქნევებზე. მკერდი და მუცელი დაშტრიხულია. **მსგავსი სახეობები**: ყურებიანი ბუსგან განსხვავდება მოკლე საყურე ბუმბულებითა და ყვითელი გუგით. **ქცევა**: ძირითადად აქტიურია გათენებისას და დაღამებისას. ფრენს მიწასთან ახლოს წინ წაწეული ფრთებით, რომლებიც ქმნის V ფორმას. მისი ნადირობის სტილი წააგავს ძელქორისას. იძახის 'ბუ-ბუ-ბუ-ბუ', რაც მოგვაგონებს ორთქლმავლის შორეულ ქშენას. **ადგილსამყოფელო**: ღია ვრცელი ჭაობიანი ადგილები, ვაკე მინდვრები და სტეპები. **საკვები**: მცირე ზომის ძუძუმწოვრები და ფრინველები, უხერხემლოები. **ბუდე**: მცენარეულით ამოფენილი პატარა ჩაღრმავება მიწაზე. **კვერცხები**: 4-8, 40 მმ. **კვერცხების დება**: აპრილი. **კრუხობა**: 24-29 დღე. **მართვეს ბუდეში ყოფნის პერიოდი**: 24-27 დღე, თუმცა მართვეებმა უფრო ადრეც შეიძლება დატოვონ ბუდე და მის მოშორებით მოკალათდნენ ფრენის დაწყებამდე. **გამრავლების დაწყების ასაკი**: 1 წელი.

SPEC 3

IUCN Europe: H

Trend in Georgia: ?

Short ear tufts may not be visible when relaxed.

upperwing

In flight below, pale wings are dark tipped. Note carpal arch. Above, banded yellowish wings.

BOREAL OWL (TENGMALM'S OWL)
ბუკიოტი
Aegolius funereus caucasicus

Length: 24-26 cm. **Wingspan**: 54-62 cm. **Weight**: 90-195 g.
Population: Unknown
Small. Breast and belly are heavily streaked dark brown. Squared head has spotted crown. Gray facial discs have narrow black outlines that form 'eyebrows.' Iris and bill are yellow. **CONFUSING SPECIES:** Differs from Little Owl by black outline of facial discs, 'eyebrows,' and squared head. **BEHAVIOR:** Nocturnal. Call is soft, regularly repeated 'po-po-po-po,' often audible 2 km away. **HABITAT:** Woodlands at elevation of >1000 m asl. **FOOD:** Small mammals and birds. **NEST:** Hole in tree, either natural or that of woodpecker, especially Black Woodpecker. **EGGS:** 3-7, 33-mm. **EGG LAYING**: Late February to early June. **INCUBATION**: 25-32 days. **FLEDGING**: 28-36 days. **MATURITY**: 1 year old.

სს: 24-26 სმ. **ფშ**: 54-62 სმ. **წ**: 90-195 გ.
რიცხოვნობა: უცნობია.
მკერდი და მუცელი მუქი ყავისფერია. დაწინწკლულ გვირგვინიანი თავი კვადრატულია. სახის დისკებს არტყია შავი ზოლი, რომელიც ქმნის შავ 'წარბებს'. გუგა და ნისკარტი ყვითელია. **მსგავსი სახეობები**: ჭოტისაგან განსხვავდება სახის დისკების შავი ზოლით, 'წარბებითა' და კვადრატული თავით. **ქცევა**: მეღამურია და გამოსცემს რბილ წყვეტილ ხმას, რომელიც ჟღერს როგორც 'პო-პო-პო-პო' და ისმის 2 კმ-ზე. **ადგილსამყოფელო**: ტყეები ზღვის დონიდან 1000 მ-ზე მაღლა. **საკვები**: მცირე ზომის ძუძუმწოვრები და ფრინველები. **ბუდე**: ხის ფუღურო, განსაკუთრებით შავი კოდალისა. **კვერცხები**: 3-7, 33 მმ. **კვერცხების დება**: თებერვლის ბოლოდან ივნისის დასაწყისამდე. **კრუხობა**: 25-32 დღე. **მართვეს ბუდეში ყოფნის პერიოდი**: 28-36 დღე. **გამრავლების დაწყების ასაკი**: 1 წელი.

Non-SPEC

IUCN Europe: S

Trend in Georgia: ?

juv.
ad.

Beaman, M. 1994. Palearctic Birds: a checklist of the birds of Europe, North Africa and Asia north of the foothills of the Himalayas. Harrier Publications, Stonyhurst, UK.

Berger, A. J., Van Tyne, J. 1976. Fundamentals of Ornithology. Wyley-Interscience, New York.

BirdLife International. 2004. Birds in Europe: population estimates, trends and conservation status. Cambridge, UK: BirdLife International. (BirdLife Conservation Series No. 12)

Cramp, S. and Simmons, K.E.L. 1980. Handbook of the birds of Europe, the Middle East and North Africa. Oxford University Press, Oxford.

Dunne, P., Sibley, D., Sutton, C. 1988. Hawks in flight. The flight identification of North American migrant raptors. Houghton Mifflin Co., Boston.

Europe's most threatened birds (2004). The European Commission.
http://europa.eu.int/comm/environment/nature/directive

Forsman, D. 1999. The raptors of Europe and the Middle East: A handbook of field identification. T&AD Poyser, London.

Elphick, J. 1995. The atlas of bird migration. Ramdom House, Inc. New York.

Grant, P. J., Mullarney, K., Svensson, L., Zetterstrom, D. 2000. The Complete Guide to the Birds of Europe. Princeton University Press, New Jersey.

IUCN. 2004. IUCN Red List of Threatened Species. http://www.redlist.org/search/search-basic.html

Janashvili, A. Kutubidze, N. Zarqua, D. 1960. Key to Georgian Birds. "Tbilisi University publishing". Tbilisi, Georgia.

Kutubidze, M. 1973. Terminology of Birds. "Mecniereba". Tbilisi, Georgia.

Kutubidze, M. 1985. Key to Georgian Birds. "Tbilisi University publishing". Tbilisi, Georgia.

Peters, J. L. 1987. Checklist of birds of the world, v. 1-16. Museum of Comparative Zoology, Harvard University, Cambridge, USA.

Robson, C. A Guide to the Birds of Southeast Asia. Princeton University Press, New Jersey.

Rodriguez de la Fuente, F. 1978. Cuadernos de Campo, ediciones: Quebrantahuesos y alimoche, Los buitres, Pequenas aguilas. Editorial Marin, Barcelona.

Sibley, C. G. and Monroe, B. L., Jr. 1990. Distribution and taxonomy of birds of the World. Yale University Press, New Haven, USA.

Zhordania, R. Beme, R. Kuznetsov, A. 1999. Birds of Georgia: Field Guide. WWF & CUNA Georgica. Tbilisi, Georgia.

INDEX — სახელების ინდექსი

Common Names

Scientific Names

ქართული სახელები

Georgian Center for the Conservation of Wildlife

GCCW was founded in 1994 as a non-for-profit, non-political, non-governmental organization to encourage biodiversity conservation activities in Georgia by promoting sustainable development policies and adaptive management strategies.

This shall be achieved by: 1) Applying the modern achievements of conservation biology to natural resources management and biodiversity conservation practices and policies, 2) Carrying out studies, conservation actions and educational activities, and 3) Assisting relevant institutions (government, non-government and community based organizations) in capacity building

GCCW is a member of IUCN - World Conservation Union since 2001 and is an affiliate of BirdLife International since 2000. GCCW has about 3,000 members in Georgia and abroad, and eight associated member organizations through Georgia.

Buneba Print *Publishing*

Buneba Print *Publishing* is the first and only publisher in Georgia that produces and distributes publications about nature and for nature lovers.

Buneba Print *Publishing* has developed internal policy to address national, regional and global environmental problems:

Buneba Print produces printing materials that help to understand environmental issues and promote nature conservation.
Buneba Print supports environmental non-governmental organizations by provision of high quality services with lowest available prices.
Buneba Print uses environmentally friendly materials and technologies in publishing business.
Buneba Print promotes the market for nature related materials.
Buneba Print invests in nature conservation directly by funding nature conservation projects in the most important sites for biodiversity of the Caucasus.

საქართველოს ბუნების შენარჩუნების ცენტრი

საქართველოს ბუნების შენარჩუნების ცენტრი ქართული არასამთავრობო, არასამეწარმეო და არაპოლიტიკური ორგანიზაციაა, რომელიც დაარსდა 1994 წელს ქვეყანაში ბუნების დაცვითი საქმიანობების ხელშეწყობის მიზნით. ჩვენი მისიაა საქართველოში ბუნების დაცვისა და ბუნებრივი რესურსებით სარგებლობის ისეთი პოლიტიკისა და მართვის პრინციპების დამკვიდრება, რომელიც მომავალ თაობებსაც შეუნარჩუნებს ამ სიმდიდრის გამოყენების უფლებას.

საქმიანობის ფორმებია: საერთაშორისო გამოცდილებების და მიღწევების ადაპტირება და დანერგვა ქართულ სინამდვილეში; კვლევითი, კონსერვაციული და საგანმანათლებლო პროგრამების წარმართვა; და შესაბამისი სახელმწიფო, არასამთავრობო და სათემო ორგანიზაციებისთვის დახმარების გაწევა მათი შესაძლებლობების გაძლიერების მიზნით.

2000 წლიდან ცენტრი არის ფრინველთა დაცვის საერთაშორისო ასოციაციის ოფიციალური წარმომადგენელი საქართველოში და 2001 წლიდან ბუნების დაცვის მსოფლიო კავშირის წევრი. ორგანიზაცია აერთიანებს 3,000-მდე ინდივიდუალურ წევრს და წარმოდგენილია საქართველოს სხვადასხვა რაიონებში 8 ასოცირებული წევრი ადგილობრივი ორგანიზაციის სახით.

ბუნება პრინტი

ბუნება პრინტი პირველი და ერთადერთი გამომცემლობაა საქართველოში, რომელიც ამზადებს, გამოსცემს და ავრცელებს პუბლიკაციებს ბუნების შესახებ და ბუნების მოყვარულთათვის.

ბუნება პრინტის მიერ შემუშავებულია შიდა პოლიტიკა ეროვნული, რეგიონული და საერთაშორისო ეკოლოგიური პრობლემების გადაწყვეტის ხელშესაწყობად. ამ პოლიტიკის ძირითადი ელემენტებია:

ბუნება პრინტი აწარმოებს პროდუქციას, რომელიც ხელს უწყობს გარემოსდაცვითი პრობლემების გააზრებას და ბუნების დაცვის პროპაგანდას.
ბუნება პრინტი დახმარებას უწევს ეკოლოგიურ ორგანიზაციებს მაღალი ხარისხის და დაბალი ფასების სერვისის შეთავაზების გზით.
ბუნება პრინტი იყენებს გარემოსთვის რაც შეიძლება ნაკლებად ზიანის მიმყენებელ მასალებს და ტექნოლოგიებს.
ბუნება პრინტი ხელს უწყობს ბუნებასთან დაკავშირებული პროდუქციის ბაზრის განვითარებას.
ბუნება პრინტი მხარს უჭერს ბუნების დაცვის სფეროში მიმდინარე ცალკეულ პროექტებს ბიომრავალფეროვნების თვალსაზრისით ყველაზე მნიშვნელოვან რეგიონებში.

The Forthcoming Titles from GCCW and Buneba Print *Publishing*:

Birding in Georgia
Available by April, 2005

Vultures of Georgia and Caucasus
Available by April, 2005

Birds of Kolkheti Wetlands
Available by late summer, 2005

Birds of the Caucasus
Field guide to the birds of Georgia, Armenia, Azerbaijan, Northern Turkey and Southern Russia
Available by spring, 2006

საქართველოს ბუნების შენარჩუნების ცენტრი და ბუნება პრინტი უახლოეს ხანებში გამოსცემს შემდეგ წიგნებს:

ფრინველების ტურიზმი საქართველოში
გამოდის 2005 წლის აპრილში

საქართველოს და კავკასიის ლეშიჭამიები
გამოდის 2005 წლის აპრილში

კოლხეთის ჭაობების ფრინველები
გამოდის 2005 წლის ზაფხულში

კავკასიის ფრინველები
კავკასიის რეგიონის ფრინველების სრული საველე სარკვევი
გამოდის 2006 წლის გაზაფხულზე